Jindrich Zelený

Dialektik der Rationalität

Jindrich Zelený

Dialektik der Rationalität

Zur Entwicklung des Rationalitätstypus der materialistischen Dialektik

Akademie-Verlag Berlin 1986

Erschienen im Akademie-Verlag Berlin,
DDR - 1086 Berlin, Leipziger Str. 3—4

Lizenznummer: 202 · 100/20/85
Printed in the German Democratic Republic
Gesamtherstellung: VEB Druckhaus „Maxim Gorki“, 7400 Altenburg
Umschlaggestaltung: Ulrike Kühne
LSV: 0145
Bestellnummer: 754 468 9 (6887)
01500

Inhalt

Einleitung

Einige Worte über Absicht und Entstehung des vorliegenden Werkes sowie über seine Einordnung in meine bisherige Arbeit mögen angebracht sein.

Ich betrachte die hier vorliegenden Überlegungen über die materialistische Dialektik als neuen Typ der Rationalität als eine Fortsetzung — auf einer allgemeineren und gegenwartsnäheren Ebene — meiner Untersuchungen, deren Ergebnisse ich zuerst in der Schrift *Die Wissenschaftslogik bei Marx und „Das Kapital“*[1] dargelegt habe. In den letzten 15 Jahren habe ich mich von verschiedenen Gesichtspunkten aus mit der Theorie der materialistischen Dialektik beschäftigt und bei verschiedenen Gelegenheiten Aufsätze über einzelne Aspekte dieses großen Themas veröffentlicht.[2] Mein in tschechischer Sprache erschienenes Buch *Pojednání o dialektice* (Prag 1982) stellt die damaligen Er-

[1] J. Zelený, Die Wissenschaftslogik bei Marx und „Das Kapital“, Berlin 1968. — Eine spanische Übersetzung erschien unter dem Titel: La estructura logìca de ‚El Capital‘ de Marx, Barcelona—Buenos Aires—Mexico 1974; eine schwedische bei Norstedts, Stockholm 1976; eine englische unter dem Titel: The Logic of Marx, Oxford 1980.

[2] So wurde u. a. ein Aufsatz in deutscher Sprache über Verstand und Vernunft bei Hegel und Marx in: Dialektik 2, Köln 1981, unter dem Titel: Verstand und Vernunft in Hegels „Wissenschaft der Logik“ und in der materialistischen Dialektik veröffentlicht; in russischer Sprache in: Voprosy filosofii, Moskau, 8/1982. Ein Aufsatz über Bolzano erschien in russischer Sprache in: Filosofskije nauki, Moskau, 4/1983. Der Aufsatz unter dem Titel: Marx als Logiker erschien in: Deutsche Zeitschrift für Philosophie, Berlin 11/1983. Mehrere diesbezügliche Aufsätze wurden in tschechischer Sprache publiziert in der Zeitschrift: Filozofický Časopis ČSAV. — Für das vorliegende Werk wurden alle Materialien, soweit früher teilweise veröffentlicht, wesentlich umgearbeitet.

gebnisse dieser Arbeit dem tschechischen Leser vor. Was hier in deutscher Sprache vorgelegt wird, deckt sich inhaltlich etwa zur Hälfte mit jenem Buch. Es war mein Anliegen, mit dieser deutschen Fassung meiner Untersuchungen eine einheitlichere, komplexere, tiefere Bearbeitung des Themas vorzulegen.

Um die Hauptrichtung meiner Untersuchungen anzudeuten, sei gesagt, daß ich mich auf die marxistisch-leninistische philosophische Tradition stütze und bestrebt bin, zu ihrer Weiterentwicklung beizutragen. Wenn mich der Leser fragen würde, was ich unter der materialistischen Dialektik überhaupt verstehe, könnte ich auf die Arbeit von Fedoseev/Frolov/Lektorskij[3] verweisen und gestehen, daß ich mich auf diese konzise und klare Auslegung der materialistischen Dialektik stütze. Ich könnte auch auf das mehrbändige Werk *Materialistische Dialektik als allgemeine Entwicklungstheorie*[4] verweisen. Wenn dort die materialistische Dialektik, die allseitigste Entwicklungslehre, zugleich als „historisch höchster Typ der Rationalität"[5] charakterisiert wird, so ist die hier vorgelegte Arbeit ein Versuch der eingehenderen Explikation einiger Aspekte dieser Charakterisierung.

Mit guten Gründen wird in den neuesten Versuchen einer systematischen Bearbeitung der Theorie der materialistischen Dialektik der von W. I. Lenin bestimmte Entwicklungsbegriff in den Mittelpunkt gestellt. Ich bin überzeugt, daß die weitere Klärung der Entwicklungsauffassung von erstrangiger weltanschaulicher und methodologischer Bedeutung ist. Nur scheint es mir, daß in der bisherigen theoretischen Arbeit nicht immer die logisch-ontologischen Voraussetzungen des konsequenten Entwicklungsdenkens bestimmt genug thematisiert wurden. Ich versuche zu zeigen, daß es zur Klärung des Wesens des dialektisch-materialistischen Entwicklungsdenkens, das sich durch die dialektisch-materialistische Historisierung aller Denk- und Seinsformen auszeichnet, notwendig ist, bis zu den Fragen der Logik des Werdens fortzuschreiten, wobei alle Denkbestimmungen als untergeordnetes Moment des Werdens aufzufassen sind. In diesem Zusammenhang aktualisiert sich für mich die Verstand-Vernunft-Problematik in materialistischer Umdeutung, d. h. die Frage nach

[3] P. N. Fedoseev/I. T. Frolov/V. A. Lektorskij, Materialističeskaja dialektika. Kratkij očerk teorii, Moskau 1980.

[4] L. F. Il'ičev (red.), Materialističeskaja dialektika kak obščaja teorija razvitija, Moskau 1982ff.

[5] Ebenda, Bd. 1, S. 6.

der Rolle der ahistorischen Strukturen in den Entwicklungs-Strukturen und der Rolle des Denkens in ahistorischen Strukturen wird von mir als untergeordnetes Moment des Entwicklungsdenkens behandelt. Dieses Herangehen eröffnet m. E. einen neuen Zugang zum Problem des Verhältnisses zwischen der formalen und der dialektischen Logik sowie zu der Frage nach der Natur der logischen Konsistenz überhaupt. Die Stellung dieser Fragen im Rahmen der Untersuchung der materialistischen Dialektik als eines neuen Typus der Rationalität ermöglicht m. E., einige ihrer bisher vernachlässigten Aspekte schärfer zu sehen. Die Untersuchung von Rationalitätstypen scheint mir ein Hauptthema der dialektischen Logik zu sein.

Der Leser wird finden, daß der Marxsche und Engelssche Gedanke von der praktischen Grundlage des Denkens, also auch aller logischen Formen, in der vorliegenden Arbeit durchgehend berücksichtigt wird. Deswegen sind für mich solche Arbeiten wie *Dialektik und Ethik*[6] von großer Bedeutung, in denen die Einheit von Rationalität und Moralität im Rahmen der dialektisch-materialistischen Denkweise aufgezeigt wird. Mein Herangehen geht mit dieser Darlegung parallel und ist vielleicht nur darin von ihr unterschieden, daß ich bestrebt bin, die logisch-ontologischen Bestimmungen des Denkens nicht einseitig in der praktischen, sozialen Determination aufzulösen. Ich versuche, beide Determinationen, die natürliche und die soziale, in ihrer Einheit zu betrachten, ohne die praktische, soziale Bedingtheit der logischen Formen zu übertreiben.

Ein Wort zu meiner Interpretation der Aristotelischen Denkweise. Wenn hier von der Aristotelischen Auffassung der Denkformen gesprochen wird, ist unsere Sicht nicht nur auf das *Organon* eingeschränkt, also auf Aristoteles als Begründer der formalen Logik. Das *Organon* repräsentiert nur einen Teil — allerdings einen sehr wichtigen und nicht zu unterschätzenden Teil — der logischen Leistung Aristoteles'. Die für das Thema der Rationalitätstypen belangvolle Leistung Aristoteles' ist daneben auch in der *Metaphysik*, in der *Nikomachischen Ethik*, in der *Physik* und in anderen seiner Werke zu suchen. In der vorliegenden Arbeit war kein Platz zur ausführlicheren Begründung meiner Aristoteles-Interpretation; ich hoffe künftig Gelegenheit zu haben, eingehender

[6] Z. M. Abdil'din/L. M. Archangelski (red.), Dialektika i etika, Alma-Ata 1983.

darzulegen, daß Aristoteles vorwiegend ein Denker der „flüssigen“ Kategorien war.

Zur Struktur dieses Buches möchte ich schließlich noch bemerken, daß in ihr das Marx-Kapitel die zentrale Stellung einnimmt. Die in diesem Kapitel vorgestellte Argumentation wird einerseits durch die geschichtlichen Sondierungen in den vorangehenden Kapiteln vorbereitet (Kant, Hegel, Bolzano), andererseits in den nachfolgenden Kapiteln durch die Auseinandersetzung mit einigen einflußreichen spätbürgerlichen Konzeptionen der Rationalität (Husserl, Heidegger) ergänzt. In jedem Nachdenken über die materialistische Dialektik nimmt zudem die philosophische Bearbeitung der wichtigsten Resultate der fortschreitenden Naturwissenschaft einen zentralen Platz ein. Ich möchte dieser Aufgabe genüge tun, indem ich Prigogines Konzeption von der Veränderung des wissenschaftlichen Denkens *Vom Sein zum Werden* kritisch analysiere, sowohl in ihrer großen positiven Bedeutung als auch in ihren Grenzen. Das abschließende Kapitel legt die soziale Determination des dialektisch-materialistischen Rationalitätstyps dar und umreißt den Zusammenhang der Veränderungen in den logisch-ontologischen Grundlagen des wissenschaftlichen Denkens mit den sozialen Veränderungen.

Dies ist der Gesamtaufbau des vorliegenden Werkes. Den philosophiehistorischen Betrachtungen und der Erörterung der Spezifik der dialektisch materialistischen Denkweise schicke ich ein Kapitel voraus, das meine Gebrauchsweise einiger üblicher Termini erläutern soll.

ERSTES KAPITEL

Rationales Denken — Rationalitätstypen

Bevor die Analyse des dialektisch-materialistischen Rationalitätstyps selbst in den Mittelpunkt unserer Erörterungen — sowohl in geschichtlicher als auch in systematischer Perspektive — gestellt wird, soll zuerst kurz gesagt werden, was hier unter dem „rationalen Denken" und unter einem „Rationalitätstyp" verstanden wird, ohne daß auf die dazu geführte umfangreiche Diskussion ausführlich eingegangen wird. Es geht hier zunächst nur um eine vorläufige Angabe, in welchem Sinne wir solche „elementaren" Ausdrücke, wie Denken, vernünftiges Denken, wahrhaftes Denken, Denkform und dergleichen verwenden. Alle anschließenden Kapitel sind als nähere Bestimmung der einschlägigen Begriffe und Probleme zu betrachten.

1.

Im Alltagsleben verwenden wir nicht selten die Ausdrücke „vernünftiges Denken" und „vernünftiges Handeln". Sie sind verhältnismäßig verständlich und jedenfalls soweit bestimmt, daß wir in der außerwissenschaftlichen Verwendung oft mit jenen Vorstellungen auskommen, die wir über ihre Bedeutung haben. Ein tiefergehendes Verständnis dessen, was vernünftiges (= intelligentes, rationales) Denken ist, ergibt sich nicht unmittelbar durch das Aussprechen eines verständlichen Ausdruckes, sondern muß durch kritisches Nachdenken gewonnen werden, d. h. durch die Anwendung einer Sonderform des rationalen Denkens auf die Erkenntnis jenes Gegenstandes der sprachlichen Kommunikation, der in diesem Fall gerade das rationale Denken selbst ist.

Die Vernunft — hier zunächst ganz allgemein als Synonym für „Intelligenz" genommen, also ohne Differenzierung in Verstand und Vernunft — entsteht und entwickelt sich als Fähigkeit des gesellschaftlichen Menschen in untrennbarem Zusammenhang einerseits mit der Arbeit, andererseits mit der Sprache, und hat einen biosomatischen Träger: sie ist an das Gehirn und das Nervensystem des in der Gesellschaft lebenden Menschen gebunden.

Die Vernunft ist eine habituelle Eigenschaft gesellschaftlich stets in konkret-historischen Entwicklungsformen vereinter Menschen. Sie äußert sich

a) in der Fähigkeit, Bedeutungen zu schaffen, begründend zu verbinden und zu trennen und sie in bezug auf ihre Wahrhaftigkeit zu beurteilen;

b) in der Fähigkeit eines Handelns, das auf die Befriedigung der materiellen und geistigen Bedürfnisse durch Verwirklichung im voraus aufgestellter Ziele unter Zuhilfenahme zweckmäßiger Mittel ausgerichtet ist.

Die Bewegung der Bedeutungen in diesem Sinne nennen wir rationales Denken.

Vom wissenschaftlichen rationalen Denken und vom gewöhnlichen (vor- oder außerwissenschaftlichen) rationalen Denken unterscheiden wir andere Bewegungsformen, bei denen es sich nicht um eine durch Wahrhaftigkeit begründete oder sie begründende Verbindung der Bedeutungen handelt. Es geht z. B. um mythisches und/oder künstlerisches imaginatives Denken im weitesten Sinne, das sich in freier und/oder gebundener Rede — gegebenenfalls auch in anderen Zeichen — ausdrückt, oder um phantastisches Denken in der Religion, im Traum u. a. Wesentlich ist, ob das phantastische Denken mit dem Bewußtsein verläuft, daß es sich um Phantasie handelt, oder ob ihm subjektiv — wie oft im religiösen Denken — die Fähigkeit zuerkannt wird, die Wahrheit, bzw. eine höhere Wahrheit als die Wahrheit der „natürlichen Vernunft", zu vermitteln. Vom rationalen Denken in der hier dargestellten vorläufigen Abgrenzung werden z. B. das Denken Geisteskranker oder solche Entwicklungsvorstufen des menschlichen Denkens unterschieden, die wir in psychischen Prozessen bei Lebewesen, insbesondere bei den Primaten, finden.[1]

Zwischen dem rationalen Denken und anderen Weisen des Denkens gibt es keine scharfe, unüberschreitbare Trennungslinie.

[1] Vgl. dazu: F. Klix, Erwachendes Denken. Eine Entwicklungsgeschichte der menschlichen Intelligenz, Berlin 1980.

Es bestehen hier genetische und strukturelle Zusammenhänge und mit ihnen die Möglichkeit partieller Überlagerung. So können z. B. Elemente des imaginativen (phantastischen) Denkens eine beträchtliche positive Rolle beim schöpferischen theoretischen Denken spielen. Das theoretische Denken kann ästhetischen Wert und ästhetische Funktion haben.

Das rationale Denken ist in seiner ursprünglichen und grundlegenden Schicht eine Widerspiegelung des materiellen Seins. Es entsteht und entwickelt sich vor allem als Moment der materiell-praktischen menschlichen Tätigkeit.[2] Auf höheren Kulturstufen werden auch solche Begriffe geschaffen, die Widerspiegelung der Widerspiegelung sind.

[2] Vgl. hierzu einige Ideen der Begründer des Marxismus. Engels schreibt: „Naturwissenschaft wie Philosophie haben den Einfluß der Tätigkeit des Menschen auf sein Denken bisher ganz vernachlässigt, sie kennen nur Natur einerseits, Gedanken andererseits. Aber gerade die Veränderung der Natur durch den Menschen, nicht die Natur als solche allein, ist die wesentlichste und nächste Grundlage des menschlichen Denkens, und im Verhältnis, wie der Mensch die Natur verändern lernte, in dem Verhältnis wuchs seine Intelligenz." (F. Engels, Dialektik der Natur, in: K. Marx/F. Engels, Werke [im folgenden: MEW], Bd. 20, Berlin 1973, S. 498.)

Marx formuliert: „Der Mensch steht im Verhältnis zu Dingen der Außenwelt als Mittel zur Befriedigung seiner Bedürfnisse. Aber die Menschen beginnen keineswegs damit, ‚in diesem theoretischen Verhältnis zu Dingen der Außenwelt zu stehen'. Sie fangen, wie jedes Tier, damit an, zu essen, zu trinken etc., also nicht in einem Verhältnis zu ‚stehen', ... sondern sich aktiv zu verhalten, sich gewisser Dinge der Außenwelt zu bemächtigen durch die Tat, und so ihr Bedürfnis zu befriedigen. (Sie beginnen also mit der Produktion.) Durch die Wiederholung dieses Prozesses prägt sich die Eigenschaft dieser Dinge, ihre ‚Bedüfnisse zu befriedigen', ihrem Hirn ein, die Menschen wie Tiere lernen auch ‚theoretisch' die äußern Dinge, die zur Befriedigung ihrer Bedürfnisse dienen, vor allen anderen unterscheiden." (K. Marx, Randglossen zu Adolph Wagners „Lehrbuch der politischen Ökonomie", in: MEW, Bd. 19, Berlin 1972, S. 362f.). — F. Engels notiert: „Die Ideen alle der Erfahrung entlehnt, Spiegelbilder — richtig oder verzerrt — der Wirklichkeit ... Zwei Arten Erfahrung — äußere, materielle und innere — Denkgesetze u. Denkformen ... Das Denken hat zum einzigen Inhalt die Welt und die Denkgesetze." (F. Engels, Dialektik der Natur, in: MEW, Bd. 20, a. a. O., S. 573f.).

„Die Entwicklung der Wissenschaft, dieses ideellen und zugleich

Allgemein wird also das Denken[3] in seinem Wesen und in seiner Entwicklung durch dreierlei Momente bedingt:

1. durch das Wesen der reflektierten anorganischen und organischen außermenschlichen objektiven Realität;

2. durch das Wesen der reflektierten gesellschaftlich-historischen Realität (der gesellschaftlichen Formen der Praxis), deren produziertes und produzierendes Moment das Denken zu jeder Zeit ist; in der Klassengesellschaft findet diese Bedingtheit u. a. ihren Ausdruck im klassenmäßigen, ideologischen Charakter einiger Denkformen;

3. biosomatisch.[4] Aus den Ergebnissen der vorherigen tierischen Entwicklung entsteht mit der menschlichen Gesellschaft der biosomatische Träger des Denkens — das menschliche Gehirn, in dem die Möglichkeit bestimmter Wahrnehmungen erblich einprogrammiert ist.

Die gedankliche Bewegung der Bedeutungen ist nach Marx „nichts anderes als das im Menschenkopf umgesetzte und übersetzte Materielle“[5]. Wenn wir die gedankliche Bewegung der Bedeutungen als das „Ideelle“ bezeichnen, läßt sich in gröbsten Zügen der historische Bewegungszusammenhang von Materiellem und Ideellem wie folgt ausdrücken:

1. Ursprünglich sind alle Vorstellungen und Begriffe subjektive, mehr oder weniger adäquate Abbildungen von etwas, das in materieller Wirklichkeit, unabhängig von jedwedem Ideellen, existiert.

2. Die Umsetzung dieses Materiellen bei der Übersetzung im Menschenkopf besteht u. a. darin, daß die Bedeutungen — Ab-

praktischen Reichtums, ist aber nur eine Seite, eine Form, worin die Entwicklung der menschlichen Produktivkräfte ... erscheint.“ (K. Marx, Grundrisse der Kritik der politischen Ökonomie [im folgenden: Grundrisse], Berlin 1953, S. 439.).

[3] Zur Verkürzung wird im weiteren der Ausdruck „Denken“ in der Regel „rationales Denken“ bezeichnen.

[4] Vgl. F. Engels: „Tatsächlich ist und bleibt jedes Gedankenabbild des Weltsystems objektiv durch die geschichtliche Lage, und subjektiv durch die Körper — und Geistesverfassung seines Urhebers beschränkt.“ (F. Engels, Herrn Eugen Dühring's Umwälzung der Wissenschaft [im folgenden: Anti-Dühring], in: MEW, Bd. 20, a. a. O., S. 35.)

[5] K. Marx, Das Kapital. Erster Band, in: MEW, Bd. 23, Berlin 1964, S. 27.

bilder im Verhältnis zu der in ihnen reflektierten materiellen Wirklichkeit eine spezifische, größere, auch rückgängige Beweglichkeit und eine spezifische Temporalität haben. Sie ermöglichen es, in gewissen Grenzen durch zielstrebiges menschliches Handeln eine vorgegebene materielle Wirklichkeit durch planendes Denken zu transformieren. Dadurch wird das Materielle in einigen Momenten des Bereichs der Berührung von Natur und Gesellschaft zu einem aus dem Menschenkopf in die materielle Wirklichkeit übersetzten und darin vergegenständlichten, also zu einem materialisierten Ideellen.

3. In der Entwicklung der Gesellschaft ist dann das Denken zum Teil ein solch neues Ideelles, das durch Um- und Übersetzen des Materiellen entsteht, das selbst zum Teil schon objektiviertes, materialisiertes Ideelles ist. Die historische Entwicklung des Arbeitsprozesses und der gesellschaftlichen Produktion ist zugleich eine Entwicklung des angedeuteten Bewegungszusammenhangs des Materiellen und Ideellen.

Das natürliche Materielle und das gesellschaftliche Leben — das materielle Sein und das gesellschaftliche Sein — bleiben allerdings auch auf höheren historischen Stufen die Grundlagen des ganzen Prozesses.

Das Denken ist wahrhaftig, wenn die Bedeutungen und ihre Verbindungen eine adäquate Widerspiegelung der objektiven Realität sind, daß heißt, wenn sie der objektiven Realität als deren gedanklichen Abbildungen entsprechen. Unsere Untersuchung stützt sich dabei auf Lenins Fassung des Begriffs der objektiven, absoluten und relativen Wahrheit.[6]

Ein Teil des rationalen Denkens läßt sich algorithmisieren. Die algorithmisierbare Bedeutungsbewegung läßt sich unter Zuhilfenahme von Computern stimulieren und beschleunigen. Damit hängt das Problem der sogenannten künstlichen Intelligenz zusammen. Den Begriff des Algorithmus übernehmen wir in der Definition A. A. Markovs.[7] Der Computer ist eine Maschine, die für die beschleunigte Zeichenbewegung adaptiert ist, wobei sich diese Zeichenbewegung der Bedeutung nach (semantisch) interpretieren läßt. Das heißt: der Computer arbeitet mit einer Sprache,

[6] Vgl. W. I. Lenin, Materialismus und Empiriokritizismus, Kap. II, in: W. I. Lenin, Werke (im folgenden: LW), Bd. 14, Berlin 1962, S. 91—138.

[7] A. A. Markov, Teorija algoritmov, Moskau 1954.

die wir ihm in der Reduktion auf die Syntax mit einer uns bekannten Semantik eingeben, er denkt aber nicht.

Das Denken ist eine Tätigkeit, die in Denkformen abläuft. Wir unterscheiden Denkformen im engeren und im weiteren Sinn. Denkformen im engeren Sinn, d. h. Elementarformen des rationalen Denkens, sind die folgenden Denktätigkeiten (-operationen) und die ihnen entsprechenden relativ stabilen Resultats- und Voraussetzungsgebilde: Begriff, Urteil (Prädikation), Schluß. Zentrale Elementarform des Denkens (logische Zellenform) ist das Urteil.

Das Urteil ist die einfachste Denkform, da jeder Begriff implicite ein Urteil ist und jeder Schluß sich in Urteile zerlegen läßt.

Das Urteil ist die massenhafteste Denkform, da es in jedem Denkakt und in jeder Sprachobjektivierung des Gedankens vorhanden ist.

Das Urteil ist eine Bedeutungsstruktur, die stets in einer Sprache ausgedrückt wird, d. h. nur unter Zuhilfenahme von materiellen Zeichen — von Rede, Schrift, anderen vereinbarten oder durch die Tradition intersubjektiv verständlich oder allgemein gültig gemachten Zeichen ausgedrückt werden kann. Urteile werden in Sätzen (Aussagen) ausgedrückt.

Jedes Urteil ist ursprünglich (und bleibt potentiell) ein in Zeit und Raum bestimmter Gedankenakt und ist zugleich ein relativ fixiertes objektives Gedankengebilde, das in Zeichen ausgedrückt wird oder sich so ausdrücken läßt.

Die undialektische Auffassung des Urteils fixiert einseitig entweder die Bestimmung des Urteils als eines Gedankenaktes (J. St. Mill, der Psychologismus in der Logik) oder die Bestimmung des Urteils als fixierte, vom Denk- und Sprechakt losgelöste objektive Bedeutungsstruktur (A. Church, vor ihm bereits B. Bolzano, G. Frege, die platonisierende Richtung in der mathematischen Logik überhaupt).

Bei der Klärung des Wesens des Logischen suchen sowohl die Nominalisten (Quine, Goodman u. a.) als auch die Platoniker (Church u. a.) einen eklektischen Ausweg aus dem Unverständnis der Dialektik des Allgemeinen und Besonderen, des Identischen und Verschiedenen, des Materiellen und Ideellen, der Bewegung und der Ruhe.

Einige mathematische Logiker der platonisierenden Richtung wollen das Urteil („proposition“) metaphysisch abstrakt nur als ein aus dem Zusammenhang mit „wording“ (und überhaupt aus dem materiellen Zeichenausdruck) und dem Denkakt herausgelöstes ideales Bedeutungsgebilde auffassen. Was in den Vorstellungen der platonisierenden mathematischen Logiker „sentence“ als „purely syntactical entity, taken in abstraction from its meaning“ ist,[8] ist in Wirklichkeit an die Möglichkeit der Interpretation und der Beiordnung der Bedeutungen gebunden, und so beinhaltet jene vermeintlich „reine“ Syntaktizität negativ einen semantischen Aspekt und hat ihn zur Voraussetzung (proposition als Möglichkeit). Ein „rein syntaktisches Gebilde“ zu sein, ist eine unsyntaktische, semantische Eigenschaft. Church spricht von einer Dualität der materiellen Zeichenreihe und der Urteile (the duality of sentence and proposition). Für uns handelt es sich nicht um eine Dualität, sondern um zwei Seiten des Einheitlichen.

Das Urteil ist also nicht an diese oder jene konkrete Form materieller Zeichen gebunden, durch die es ausgedrückt wird (z. B. an diese oder jene bestimmte Nationalsprache), existiert jedoch nicht unabhängig von jedwedem Zeichen. Das aktuelle schweigende Denken setzt voraus, daß phylogenetisch — und in der Regel auch ontogenetisch — die Entstehung, Aneignung und Verwendung der Sprache voranging. Das aktuelle schweigende Denken existiert nur als durch Sprachzeichen potentiell ausdrucksfähig.

In verschiedenen Sprachzeichen kann ein und derselbe Gedanke (dasselbe Urteil) ausgedrückt werden, wie es bei der Übersetzung aus einer in die andere Sprache offensichtlich geschieht. Wenn ein und derselbe Gedanke in derselben Sprache wiederholt oder von verschiedenen Sprechern ausgedrückt wird, werden zwar in Zeit und Raum verschiedene, jedoch gleiche Sprachzeichen verwendet. Wir sprechen in diesem Falle von ein und demselben sprachlichen Ausdruck, indem wir die Abstraktion der Identifizierung vornehmen.

Wenn wir die übliche Unterscheidung der Zeichen in sinnlich wahrnehmbare Ikone, Indizes und Symbole akzeptieren, können wir sagen, daß die materiellen Sprachzeichen Symbole sind, während die mit ihnen verbundenen Bedeutungen „ideale Ikone“ der Designaten sind.

[8] Vgl. I. M. Bochenski/A. Church/N. Goodman, The Problem of Universals, Indiana 1956, S. 6. — Ebenda, S. 4: „A proposition in the abstract sense, unlike the traditional proposition, may not be said to be of any language; it is not a form of words, and is not a linguistic entity of any kind except in the sense that it may be obtained by abstraction from language.“

Soviel vorläufig über die Denkformen im engeren Sinn.[9]

[9] Aus der Geschichte dieses Problems wollen wir vorderhand nur erwähnen, daß die Lehre vom Urteil bei Aristoteles hauptsächlich in seiner Schrift *Περὶ ἑρμηνείας* enthalten ist. Sie nimmt ihren Ausgang von der Analyse der Wechselbeziehung zwischen Sprache (gesprochener Sprache, Rede, φῶναι) und Denken, von Erwägungen syntaktisch-semantischen Charakters. Aristoteles fand die Anfänge dieser Analyse bereits bei Platon in den Dialogen Kratylos (431 B), Theaitetos (189 E—190 A; 206 D) und Sophistes (240 E—241 A, 259 D—263 E) vor.

Bei Leibniz umfaßt die Theorie der Prädikation das Problem der Wahrheit und untersucht die Beziehung zwischen Worten (materiellen Zeichen), aktuellen Gedankenprozessen und möglichen Gedanken. Unter diesem Gesichtspunkt (aber nur unter diesem) ist Kant ärmer. Er begreift die Urteile als abstrakte Urteile („proposition" im engeren Sinn), losgelöst von den Sprechakten.

In Bolzanos Wissenschaftslehre (1837) bedeutet der „Satz" die propositio im traditionellen Sinn, der „Satz an sich" ist die propositio im engen abstrakten Sinn.

Die gewisse Beschränktheit der semantischen Theorie Freges, die als solche in der mathematischen Logik Epoche gemacht hat, besteht darin, daß sie an mathematische Entitäten gebunden ist und als Denotat der Aussagen nur den Wahrheitswert betrachtet. Sie reflektiert nicht hinreichend die Beziehung zwischen idealer Bedeutung (als Widerspiegelung) und reflektierter materieller Sache.

Die Ansichten Russells über das Wesen des Urteils veränderten sich. Russell nahm seinen Ausgang (1903) von der Auffassung Freges („Gedanke" — „unasserted proposition" im abstrakten Sinn eines reinen Bedeutungsgebildes). Später geht er zur traditionellen Auffassung über: proposition ist die durch Sprache ausgedrückte wahre oder unwahre Bedeutung. Der späte Russell neigt manchmal sogar zu einer psychologischen Auffassung des Urteils.

Anregend an der idealistischen Theorie der Prädikation Husserls sind im wesentlichen der dialektische Gedanke einer noetisch-noematischen Urteilsstruktur, der schon von Brentano ausgeht, sowie das Streben, die einseitige Beschränktheit der früheren, entweder empiristischen oder rationalistischen Theorien der logischen Formen zu überwinden.

Bei Aristoteles, aber auch bei Descartes und J. St. Mill, bei Bolzano und Frege, bei Russell und Husserl bleiben in den logischen Untersuchungen die Beziehungen zwischen Denkformen und Formen des praktischen gesellschaftlichen Seins, insbesondere den Formen der materiellen Arbeit, außerhalb des Blickfeldes.

Im weiteren Sinne kann als Denkform jeder Akt und jedes Gebilde der gedanklichen Aneignung der Wirklichkeit bezeichnet werden, sei es, daß es vereinzelt (z. B. als einzelne Denkbestimmung) oder komplex auftritt (z. B. als ein relativ stabiles Ganzes eines historischen Typs der Rationalität). Die Denkformen in diesem weiteren Sinn zu untersuchen, bedeutet eigentlich dasselbe, wie die Gesetzmäßigkeiten des erkennenden Denkens zu untersuchen. Dann fällt freilich die Logik im weiteren Sinn, als Theorie der Denkformen betrachtet, mit der Erkenntnistheorie zusammen, wenigstens mit den Kernstücken dieser letzteren. Die logische Problematik in diesem weiteren Sinn hat vier Schichten. Sie betrifft: 1) die Natur und Arten der Prädikation (des Urteilens) als der logischen Zellenform; 2) Probleme und Gebilde, zu denen wir durch Analyse der Prädikation gelangen: also Begriffe, Kategorien, Eigennamen im Unterschied von den Begriffen u. ä.; 3) Probleme und Gebilde, die durch Verbindung der Prädikationen entstehen, also verschiedene Arten und Weisen des Schließens und Ableitens, Begründens und Beweisens; 4) die Wahrheitsproblematik, d. h. fundamentale logisch-ontologische Fragen nach dem Verhältnis des Logischen und Historischen, nach dem Verhältnis der gesellschaftlichen Praxisformen und Denkformen, nach dem durch die Praxisformen vermittelten Verhältnis zwischen den Natur- und Denkformen u. ä.

2.

Der Begriff des (wissenschaftlichen) Rationalitätstyps, mit dem wir arbeiten werden, kann vorläufig folgendermaßen erläutert werden:

Ein Typ der (wissenschaftlichen) Rationalität kann durch jeweilige implicite, bzw. implicite und explicite Auffassung der oben angeführten vier Schichten der logisch-ontologischen Problematik gekennzeichnet werden. Anders gesagt: Die verschiedenen geschichtlichen Typen der Rationalität können durch folgende drei Momente charakterisiert werden:

a) dadurch, wie man jeweils begreift, daß *etwas ist* und *wie* und *warum* etwas ist, also durch die grundlegende kategoriale und methodologische Ausstattung;

b) dadurch, wie jeweils die Beziehung zwischen Theorie und Praxis erfaßt wird;

c) dadurch, wie jeweils die Beziehung zwischen den deskriptiven und den Werturteilen verstanden wird.

Der Begriff „Rationalität" ist für uns also eine Abstraktion aus dem wirklichen Prozeß des menschlichen Denkens und Handelns. Durch den Begriff „Rationalitätstyp" möchten wir in erster Linie die Veränderungen in den logisch-ontologischen Grundlagen des Denkens[10] erfassen. In diesem weiten Sinn bezieht er sich sowohl auf das wissenschaftliche als auch auf das alltägliche vor- und außerwissenschaftliche Denken, und zwar in allen Perioden der menschlichen Geschichte.

Die Einschränkung des Untersuchungsfeldes, die wir in diesem Buch vornehmen, besteht darin, daß wir unsere Aufmerksamkeit fast ausschließlich der Entwicklung des wissenschaftlichen Denkens widmen und dabei eine bewußt selektive Typologie der Formen der wissenschaftlichen Rationalität einsetzen. Die Einschränkung scheint uns nützlich und berechtigt im Hinblick auf unser Hauptziel — zur Klärung der Spezifik des dialektisch-materialistischen Rationalitätstyps beizutragen.

Ungeachtet der ungeheuren Mannigfaltigkeit und unterschiedlichen Tiefe der Veränderungen in der Entwicklung sowohl des theoretischen als auch des alltäglichen Denkens (und der inneren Wechselbeziehung beider) halten wir es für möglich — eben bei der Konzentration auf die logisch-ontologischen Grundlagen des Denkens — einige eminente[11] Typen der wissenschaftlichen Rationalität zu unterscheiden, deren vergleichende Analyse dem Hauptziel des Buches am dienlichsten sein kann.

In dem durch Aristoteles repräsentierten antiken Typ haben wir es mit einer kontemplativen, atechnischen Auffassung der

[10] Weil die Rolle der gesellschaftlichen Praxis bei der Untersuchung der logisch-ontologischen Probleme entsprechend berücksichtigt werden muß, wäre es vielleicht präziser, nicht einfach von den logisch-ontologischen, sondern von den onto-praxeo-logischen Grundlagen des Denkens zu sprechen. Dabei wäre der Terminus „onto-praxeo-logisch" eine Abkürzung für den Ausdruck: die dialektisch-materialistische Auffassung, die sich auf den Gedanken von Engels stützt, daß „... gerade die Veränderung der Natur durch den Menschen, nicht die Natur als solche allein, die wesentliche und nächste Grundlage des menschlichen Denkens ist ..." (F. Engels, Dialektik der Natur, in: MEW, Bd. 20, a. a. O., S. 498).

[11] Eminent im Sinne von: besonders einflußreich, bestimmend für lange Perioden.

Theorie als höchster menschlicher Einstellung zu tun, die Selbstzweck und Selbstziel ist. Es geht zugleich um eine prozessuale, vorwiegend dialektische Auffassung der Seins- und Denkformen. Die diesbezüglichen Konzeptionen des Aristoteles findet man allerdings nicht in der Schrift mit dem Titel *Kategorien*, und noch weniger in der einflußreichen *Einführung* des Porphyrios dazu, sondern in der *Metaphysik*, in der Schrift *Über die Seele* und an anderen Stellen, wo Aristoteles die Denkformen als Momente der *φύσει ὄντων* entwickelt, wobei für die Seinsweise des *φύσει ὄντος* in erster Linie kennzeichnend ist, daß es *τὸ τὴν ἀρχὴν τῆς κινήσεως ἐν ἑαυτῷ ἔχον* ist.

Die Auffassung der Rationalität, mit der die Hauptströmung der neuzeitlichen Naturwissenschaft auftritt, läßt sich als ahistorisch-technische, metaphysisch fundierte charakterisieren. Im galileisch-newtonschen Typ der Rationalität wird nicht verstanden, daß die Theorie ein Moment der sich geschichtlich wandelnden Praxis ist. Die von Galilei, Descartes, Newton u. a. begründete neuzeitliche Wissenschaft konnte viele systematische Erkenntnisse ableiten, ohne — infolge des Charakters der von ihr untersuchten Gegenständlichkeiten und infolge des Charakters der von ihr bearbeiteten Erfahrungen — bei ihrer bewußten Fundierung die Praxis des Menschen und die Dialektik seines Handelns berücksichtigen zu müssen. Galilei und Descartes einerseits sowie Bacon und Locke andererseits verstanden — ungeachtet ihrer unterschiedlichen Wertung der Rolle des Empirischen und Rationalen, des Objektiven und Subjektiven in der Erkenntnis — die Welt als ein Buch, demgegenüber wir uns in der Rolle der Leser befinden.

In Gestalt der dialektisch-materialistischen Denkweise entsteht im 19. Jahrhundert im Zusammenhang mit der Herausbildung der revolutionären Arbeiterklasse und den damaligen naturwissenschaftlichen Entdeckungen ein neuer bedeutsamer Rationalitätstyp. Marx und Engels entwickelten die historisch-praktische Auffassung der Rationalität, für die die doppelte Historisierung der Denkformen kennzeichnend ist: die Historisierung im Sinne der prozessualen Auffassung aller Seins- und Denkformen und die Historisierung im Sinne der Berücksichtigung des praktischen (historisch-gesellschaftlichen) Wesens des Denkens und des Menschseins.[12] Dabei hat die entmystifizierende kritische An-

[12] Darüber Näheres im 2. Kapitel.

knüpfung an die Hegelsche Auffassung der Verstand-Vernunft-Problematik[13] eine große Rolle gespielt.

Für den Lebensprozeß der sozialistischen Gesellschaft bietet allein die historisch-praktische Rationalität das adäquate Instrumentarium, wobei sie allerdings als ihr untergeordnete Momente gewisse Formen der ahistorisch-technischen Rationalität beinhaltet.[14] Zum Wesen der dialektisch-materialistischen Denkweise gehört, daß sie auf das Begreifen des „Zusammenfallens des Änderns der Umstände und der menschlichen Tätigkeit oder Selbstveränderung“[15] orientiert ist. Man könnte sie als die Methode der Abbildung der sich wechselwirkend verändernden Objekte und Subjekte bezeichnen. Dadurch beinhaltet die materialistische Dialektik eine Dimension, die der ahistorisch-technischen Rationalität grundsätzlich fehlt. Nur deshalb kann die dialektisch-materialistische Denkweise den Horizont der ahistorisch-technischen Rationalität auch grundsätzlich überschreiten: Sie erst vermag nicht nur den Gegensatz, sondern auch die innere Einheit von deskriptiven und wertenden Urteilen zu erfassen.

Es ist offensichtlich, daß hier der Terminus „Rationalität“ nicht bloß auf eine technologische Charakteristik der berechenbaren Handlung beschränkt und nicht so eng an die Technik und technische Entwicklung (bzw. an die Technik in einer bestimmten gesellschaftlich-geschichtlichen Form) gebunden wird, wie dies die von Max Weber ausgehende Literatur häufig tut. Max Webers Begriff der Rationalität verabsolutiert zur „Rationalität überhaupt“ das, was tatsächlich nur eine ihrer geschichtlichen Formen, eine bestimmte und als solche beschränkte Form ist. An Weber anknüpfend, schreibt z. B. Daniel Bell von der „technologischen“ oder „funktionalen“ Rationalität als einem grundlegenden Prinzip der „neuzeitlichen“ Gesellschaft: „Technology has created a new definition of rationality, a new mode of thought,

[13] Diese Frage wird eingehender im 3. Kapitel behandelt.

[14] Allgemein gilt, daß die verschiedenen geschichtlichen Rationalitätstypen nicht nur Veränderungen und Unterschiede aufweisen, sondern neben variablen auch gemeinsame, invariante Elemente enthalten. Zu diesen letzteren gehören viele Denkformen, die durch die gegenwärtige formal-logische Analyse der Wissenschaft untersucht werden. Es ist ratsam, die Diskontinuität zwischen den Rationalitätstypen nicht zu übertreiben. Die Übergänge zwischen den geschichtlichen Rationalitätstypen haben jeweils spezifischen Charakter.

[15] K. Marx, Thesen über Feuerbach, in: MEW, Bd. 3, Berlin 1956, S. 6.

which emphasizes functional relations and the quantitative. Its criteria of performance are those of efficiency and optimization, that is, a utilization of resources with the least cost and least effort."[16] Diese beschränkte, die sogenannte funktionale Rationalität ist ihm die Rationalität überhaupt. Und weil sie bei der Lösung von vielen lebenswichtigen Fragen des heutigen Menschen scheitert, hält Bell diese Tatsache für das Scheitern von Rationalität überhaupt und empfiehlt daher einen reaktionären Rückschritt zu einer neuen Form der Religion.[17]

Die Untersuchung der wissenschaftlichen Rationalitätstypen mit Hilfe der angedeuteten Arbeitshypothese stützt sich auf die Ergebnisse der Wissenschaftsforschungen und ist ihrerseits bestrebt, der wissenschaftstheoretischen und auch soziologischen Erforschung der Wissenschaftsentwicklung durch Klärung einiger logisch-ontologischer Aspekte der Wissenschaftsentwicklung von Nutzen zu sein. Hinsichtlich der Entwicklung der Wissenschaft ist nicht nur die Frage nach der geschichtlichen Entwicklung der wissenschaftlichen Tätigkeit als eines spezifischen Bereiches der gesellschaftlichen Arbeitsteilung zu stellen,[18] sondern auch — im Zusammenhang mit der letzteren — die Frage nach den Veränderungen in den logisch-ontologischen („onto-praxeo-logischen") Grundlagen des wissenschaftlichen Denkens. Die hier vertretene Auffassung der logisch-ontologischen Grundlagen des Denkens ist bestrebt, die historisch-praktische Dimension in die logisch-ontologische Problematik der Wissenschaftsentwicklung einzuführen. Sie will das soziale, historisch-praktische Wesen der wissenschaftlichen Erkenntnis berücksichtigen, ohne daß diese Berück-

[16] Daniell Bell, The Coming of the Post-Industrial Society, New York 1973, S. 189. — Vgl. ebd., S. 67: „For Weber, the master key of Western society was rationalization, the spread through law, economy, accounting, technology, and the entire conduct of life of a spirit of functional efficiency and measurement, of an ‚economizing' attitude (maximization, optimization, least cost) towards not only material resources but all life."

[17] Vgl. D. Bell, The Cultural Contradictions of Capitalism, London 1976, S. 29. — Auch Max Webers Differenzierung des Rationalitätsbegriffs, seine Unterscheidungen der formalen und materialen Rationalität, der Wertrationalität von der Zweckrationalität u. ä., bewegen sich im Horizont der Verabsolutierung einer geschichtlich bestimmten und beschränkten Form.

[18] Wertvolle Arbeiten auf diesem wichtigen Gebiet leisteten Hubert Laitko, Günther Kröber u. a.

sichtigung zur Auflösung der logisch-ontologischen Problematik in eine Soziologie der wissenschaftlichen Tätigkeit führen würde.

Diese Auffassung unterscheidet sich grundsätzlich von der neopositivistischen, nach der sich die Untersuchung der Grundlagen der Wissenschaft auf die Problematik der Grundlagen der Mathematik und der formalen Logik und auf das Problem der Beziehung zwischen Beobachtungs- und theoretischen Aussagen zurückführen läßt. Diese neopositivistische Reduktion entstand aus der Ansicht, daß sich alle wissenschaftlichen Theorien als angewandte Mathematik — bzw. als interpretierte mathematisch-logische axiomatische Systeme ansehen lassen. Wie dies z. B. John Kemeny ausdrückte: „I will argue that all of Science is applied Mathematics."[19]

Es sei noch bemerkt, daß der Terminus „logisch-ontologische Grundlagen des Denkens" falsch orientieren kann. Denn die Grundlagen des Denkens liegen nicht innerhalb des Denkens selbst, sondern in der materiellen Praxis. Das Denken in allen seinen Schichten (einschließlich derjenigen Schicht, die als logisch-ontologischer Aspekt des jeweiligen Denkens bezeichnet werden kann) hat seine eigentliche Grundlage in der realen gesellschaftlichen Praxis und in der Widerspiegelung der objektiven Realität. Das Logisch-Ontologische, das wir unter dem Titel der logisch-ontologischen Grundlagen des Denkens untersuchen, ist in einem anderen Sinn „grundlegend" im Denken: es bildet den allgemeinen Horizont von allen wie immer auch verschiedenen konkreteren Erkenntnisformen des jeweiligen Denkens.

Soviel vorläufig zur Erläuterung der Begriffe „Rationalitätstyp" und „Veränderungen in den logisch-ontologischen Grundlagen des Denkens". Diese vorläufigen Erklärungen werden in allen folgenden Kapiteln näher bestimmt und artikuliert werden, in genauem Zusammenhang mit unseren Untersuchungen, die auf die Bestimmung der Spezifik des dialektisch-materialistischen Rationalitätstyps gerichtet sind.

[19] John Kemeny, A Philosopher Looks at Science, Princeton—New York 1959, S. 31.

ZWEITES KAPITEL

Hegels Kantkritik und die dialektisch-materialistische Historisierung der Denkformen

In dem vorangehenden Kapitel wurde angedeutet, daß der dialektisch-materialistische Rationalitätstyp durch eine doppelte Historisierung der Denkformen gekennzeichnet werden kann — durch eine Historisierung im Sinne der prozessualen Auffassung aller Seins- und Denkformen und durch eine Historisierung, die das praktische, historisch-gesellschaftliche Wesen des Denkens und des Menschseins berücksichtigt. Es gilt nun, die dialektisch-materialistische Historisierung näher zu bestimmen und von der relativistischen abzuheben.

Ein wichtiger Aspekt dieses Problems kann dadurch beleuchtet werden, daß Hegels Kantkritik in dialektisch-materialistischer Sicht untersucht wird. Im Mittelpunkt unserer Aufmerksamkeit steht zunächst[1] die Rolle der Kritik Hegels an der Kantischen Kategorienlehre als Meilenstein auf dem Wege von der Denkweise, die auf die fixen Kategorien gegründet ist, zur dialektisch-materialistischen Denkweise mit ihren „flüssigen" (Engels) Kategorien.

* * *

[1] Einige Gedanken dieses Kapitels wurden auf dem Kant-Symposium in Riga (1981) vorgetragen. Mitverfasser des Symposiums-Beitrags war Dr. P. Koťátko.

Andere Aspekte der Hegelschen Kantkritik behandelt unser Aufsatz: Kants transzendentale Logik, veröffentlicht in: M. Buhr/T. I. Oiserman (Hrsg.), Revolution der Denkart oder Denkart der Revolution. Beiträge zur Philosophie Immanuel Kants, Berlin 1976. Nachgedruckt unter dem Titel: Zum Problemzusammenhang der Kantschen Transzendentalen Logik und der Materialistischen Dialektik, in: P. Heintel/L. Nagl (Hrsg.), Zur Kantforschung der Gegenwart, Darmstadt 1981. — Vgl. auch: M. Buhr, Vernunft—Mensch—Geschichte. Berlin 1977; P. N. Fedoseev/I. T. Frolov/V. A. Lektorskij, Materialističeskaja dialektika, Moskau 1980, S. 221f.

Bekanntlich übt Hegel eine recht vielseitige Kritik an der Kantischen Kategorienlehre. Hegel zufolge „hat es die kantische Philosophie sich mit der Auffindung der Kategorien sehr bequem gemacht".[2] Die verschiedenen, in der gewöhnlichen Logik schon fertig aufgezählten Urteilsweisen dienten Kant als Leitfaden zur Aufstellung der Kategorientafel. So seien die Kategorien bei Kant — „außer dem daß sie auch nur nach der Seite der Herzählung genommen ganz unvollständig sind"[3] — empirisch aus der gemeinen Logik aufgenommen worden, ohne daß ihr notwendiger inhaltlicher Zusammenhang gezeigt worden sei. Die systematische Vollständigkeit in Kants Kategorientafel sei bloß ein äußerer Schein, in Wirklichkeit haben wir nicht ein System, sondern ein bloßes Aggregat von gedanklichen Bestimmungen vor uns. Es sei außerdem ein wesentlicher Mangel der Untersuchung der Kategorien bei Kant, daß dieselben „nicht an — und für sich", sondern vorwiegend „nur unter dem Gesichtspunkt betrachtet werden, ob sie subjektiv oder objektiv seien".[4]

Hegel knüpft an die Initiative von Fichte und Schelling an, wenn er das Wesen der Kategorien und ihren inneren Zusammenhang tiefer analysieren will, als es in der Kategorientafel Kants und in deren Deduktion geleistet ist. Die Forderung nach einer eingehenderen Begründung bedeutete zunächst, jene Voraussetzungen zu reflektieren, die implicite in der „Deduktion" Kants enthalten sind. Bei dieser kritischen Einstellung (und unter der Voraussetzung, daß das materialistisch aufgefaßte „Ding an sich" aus dem Kritizismus Kants fichteanisch eliminiert wird) gelangt Hegel zu jenen Gedanken seiner Kantkritik, die den Weg für eine spekulativ idealistische „Historisierung" der Kategorien, d. h. für eine Darstellung aller Kategorien als Glieder der sogenannten absoluten Methode, freigibt.

Kants Kategorientafel stellt eine starre, entwicklungslose Struktur dar. Gewisse untergeordnete Elemente der genetischen Auffassung einiger Kategorien scheinen in Kants Erklärung der jeweils dritten Kategorie in allen vier Klassen durch, worüber Kant sagte, daß „die dritte Kategorie allenthalben aus der Ver-

[2] G. W. F. Hegel, Sämtliche Werke, Hrsg. v. H. Glockner (Jubiläumsausgabe), Stuttgart 1927ff. (im folgenden: Werke), Bd. 8, S. 128.
[3] G. W. F. Hegel, Werke, Bd. 6, S. 45.
[4] G. W. F. Hegel, Werke, Bd. 8, S. 125.

bindung der zweiten mit der ersten ihrer Klasse entspringt"[5]. Im allgemeinen gilt Hegels Kritik, wonach bei Kant die Kategorien als „ruhende tote Fächer der Intelligenz"[6] dargestellt werden.

Indem Kants Kategorientafel eine feste, entwicklungslose Struktur ist, macht Hegel alle Kategorien (und überhaupt alle Denkbestimmungen)[7] in dem Sinne „flüssig", daß er sie zu Momenten im Fluß der absoluten Methode, zu Momenten der (vermeintlichen) Selbstentwicklung des Denkens macht.

Im Gefolge Fichtes und des jungen Schelling findet Hegel den Keim seiner alle Kategorien flüssig machenden absoluten Methode bereits in der Kantischen Deduktion der Verstandesbegriffe selbst ausgesprochen, wenn auch nicht in der Durchführung entfaltet.[8] In der Kantischen ursprünglich-synthetischen Einheit der Apperzeption, von der Kant selbst sagt, von ihr sei die ganze Logik abhängig,[9] wird der Keim jener Entdeckung gesehen. Das gesuchte Prinzip des Systems der Kategorien sei nicht irgendein fixes Prinzip oder eine fixe Klassifikation, sondern ein Prozeß des Sichselbstsetzens. Kant ist dadurch für Hegel zum Entdecker des Prinzips geworden, daß sich das Denken aus sich selbst bestimme und dieses Sichselbstsetzen, die Prozessualität des Werdens, die grundlegende Seinsart sei.[10] Wenn nämlich Kant in der ursprünglichen synthetischen Einheit der Apperzeption, d. h. in der ursprünglichen, durch nichts anderes bedingten Selbsttätigkeit des Vereinens des Mannigfaltigen „den Grund der Einheit verschiedener Begriffe in Urteilen, mithin der Möglichkeit des Verstandes"[11] erblickt, so konnte Hegel sagen: Hier ist das Prinzip der Spekulation ausgedrückt, hier behandelt Kant den Verstand

[5] I. Kant, Kritik der reinen Vernunft, B 111.

[6] Vgl. G. W. F. Hegel, Jenaer Schriften, Hrsg. v. G. Irrlitz, Berlin 1972, S. 3.

[7] D. h. nicht nur Kants Verstandesbegriffe, sondern auch das, was Kant Reflexionsbegriffe und Vernunftbegriffe nennt.

[8] Vgl. G. W. F. Hegel, Jenaer Schriften, a. a. O., S. 4: „In jener Deduktion der Verstandes-Formen ist das Prinzip der Spekulation... ausgesprochen."

[9] I. Kant, Kritik der reinen Vernunft, B 134: „Und so ist die synthetische Einheit der Apperzeption der höchste Punkt, an dem man allen Verstandesgebrauch, selbst die ganze Logik ... heften muß ...".

[10] Vgl. G. W. F. Hegel, Werke, Bd. 8, S. 162.

[11] I. Kant, Kritik der reinen Vernunft, B 132.

vernünftig (während er in der transzendentalen Dialektik die Vernunft verständig behandeln wird).[12] Hegel will nun konsequent durchführen, was hier andeutungsweise enthalten ist, er will eine solche Auffassung der Kategorien und ihrer Zusammenhänge weiter ausbauen, die zur Basis der Kategorienlehre etwas macht, was durchgängig durch sich selbst gesetzt wird.

Hegel sagt diesbezüglich: „Diese ursprüngliche Synthesis der Apperzeption ist eines der tiefsten Prinzipien für die spekulative Entwicklung; sie enthält den Anfang zum wahrhaften Auffassen der Natur des Begriffs und ist jener leeren Identität oder abstrakten Allgemeinheit, welche keine Synthesis in sich ist, vollkommen entgegengesetzt."[13] Besonders kennzeichnend ist in diesem Zusammenhang auch jene Stelle der *Wissenschaft der Logik*, wo Hegel Jacobi kritisiert, weil dieser die Synthesis äußerlich versteht. Hegel sagt: „Die Synthesis, welche das Interesse ausmacht, muß nicht als eine Verknüpfung von *äußerlich* schon vorhandenen Bestimmungen genommen werden ...". Es handelt sich „um die *immanente* Synthesis, Synthesis *a priori* — an und für sich seiende Einheit der Unterschiedenen. *Werden* ist diese immanente Synthesis des Seins und Nichts; aber weil der Synthesis der Sinn von einem äußerlichen Zusammenbringen äußerlich gegeneinander Vorhandener am nächsten liegt, ist mit Recht der Name Synthesis, synthetische Einheit außer Gebrauch gesetzt worden."[14]

Hegel wirft Kant vor, sich in der weiteren Ausführung an diesen Gedanken des ursprünglichen Vereinens von Unterschieden nicht zu halten, ihn aufzugeben, in eine Denkart zu verfallen, die vergißt oder nicht alle Konsequenzen daraus zu ziehen vermag,

[12] Vgl. G. W. F. Hegel, Jenaer Schriften, a. a. O., S. 4. — Zum Gedanken des ursprünglichen Vereinens des Mannigfaltigen, wie er in der Deduktion der Kategorien ausgesprochen ist, findet dann Hegel verwandte gedankliche Motive in weiteren Teilen der Philosophie Kants, insbesondere in der praktischen Philosophie und in der „Kritik der Urteilskraft". In dieser letzteren findet Hegel den Gedanken „eines anderen Verhältnisses vom Allgemeinen des Verstandes zum Besonderen der Anschauung aufgestellt, als in der Lehre von der theoretischen und praktischen Vernunft zugrunde liegt" (G. W. F. Hegel, Werke, Bd. 8, S. 155.)

[13] G. W. F. Hegel, Wissenschaft der Logik, Hrsg. v. G. Lasson (im folgenden: WdL I und II), Leipzig 1934, II., S. 227.

[14] WdL I., S. 82.

daß das ursprüngliche Vereinen des Mannigfaltigen die grundlegende Seinsweise ist.[15]

Alle Kategorien sind Momente eines Prozesses des Sichselbstsetzens, des Sichselbsthervorbringens — dies ist also die spekulativ idealistische Form, in der bei Hegel alle Kategorien flüssig werden.

Diese Auffassung Hegels, die in ihrer Art konsequent die flüssige Natur aller Denkbestimmungen betont, war noch keine Historisierung im eigentlichen Sinne. Sie ist eine verkehrte, mystifizierte Weise der Historisierung, die allerdings für die spätere dialektische und materialistische Historisierung einen reichen theoretischen Stoff abgab.

Bevor wir diese Charakteristik begründen, wollen wir am Rande zur terminologischen Frage bemerken, daß die dialektisch-materialistische Flüssigmachung der Denkformen nur dann legitimerweise als Historisierung der Denkformen bezeichnet werden kann, wenn „das Historische" keineswegs auf das bloß Faktische (im Sinne der vorkantischen Metaphysik[16] oder im Sinne der lebensphilosophischen „Historizität" u. ä.)[17] zurückgeführt und reduziert wird. Wenn wir von der Historisierung der Denkformen sprechen, beziehen wir uns auf den Begriff des Historischen in dem Sinne, wie z. B. Marx und Engels von der Geschichte der Natur und der Menschheit als der einzigen Wirklichkeit sprechen. Historisierung in diesem Sinne heißt also, einen Untersuchungsgegenstand in den Entwicklungszusammenhang des wirklichen Geschehens einzubeziehen, wobei der raum-zeitliche Prozeß der Natur- und Gesellschaftsgeschichte als Grundlage von Bewegung und Struktur der Denkformen gilt.

[15] So daß im allgemeinen gilt, daß für Kant die abstrakte Allgemeinheit, die formelle Identität „die letzte, unüberwindliche Bestimmung" des Denkens ist. (Vgl. G. W. F. Hegel, Werke, Bd. 8, S. 164.)

[16] Noch bei Hegel bedeutet der Terminus „Historie" vorwiegend nur die Beschreibung des faktischen Verlaufs ohne Einsicht in die inneren Entwicklungszusammenhänge. (Vgl. G. W. F. Hegel, Werke, Bd. 6, § 16 u. a.)

[17] Selbstverständlich wird in dieser Arbeit mit der „Historisierung" nicht gemeint, daß die dialektisch-materialistische Denkweise vorwiegend auf die Vergangenheit orientiert ist. Nicht nur die Vergangenheit, sondern auch Gegenwart und Zukunft sind für uns Dimensionen des historischen Prozesses.

Es braucht wohl nicht betont zu werden, daß der hier benutzte

Man spricht oft von dem „historischen“ Herangehen an alle Gegenstände der Untersuchung, von der „Historisierung“ der Gnoseologie, von einer „unhistorischen“ Denkweise u. ä. Bekanntlich sind diese und verwandte Begriffe durch eine Mehrdeutigkeit belastet, die insbesondere in der bürgerlichen Philosophie und Geschichtsschreibung präsent ist. Außerdem ist festzustellen, daß auch in der marxistisch-leninistischen Tradition diese Termini nicht in völliger Eindeutigkeit gebraucht worden sind. Doch scheint die Behauptung belegbar zu sein, daß bei Marx, Engels und Lenin die Hauptbedeutung des Terminus „historisch“ (in den Verknüpfungen „historisches Herangehen“, „historischer Sinn“, „historische Auffassung“ u. ä.) die folgende war: die ganze natürliche und gesellschaftliche Welt, die ganze Wirklichkeit „als einen Prozeß, d. h. in steter Bewegung, Veränderung, Umbildung und Entwicklung begriffen“ (Engels), aufzufassen, — oder in Marxens Worten „jede gewordene Form im Fluß der Bewegung“ aufzufassen, wobei die Bewegung letzten Endes als Selbstbewegung, Selbstentwicklung der Welt, deren Einheit in der Materialität besteht, verstanden wird.

Ähnlich sagt Lenin über den Unterschied zwischen dem alten und neuen Materialismus: „Den Hauptmangel des ‚alten‘ Materialismus, darunter des Feuerbachschen ... sahen Marx und Engels darin: ... daß der alte Materialismus unhistorisch, undialektisch war (metaphysisch im Sinne von Antidialektik) und den Standpunkt der Entwicklung nicht konsequent und allseitig zur Geltung brachte ...“[18].

Lenin will hier offenbar nicht nur sagen, daß dem alten Materialismus die materialistische Auffassung der menschlichen Ge-

Begriff des „Historischen“, der „Historisierung“ nicht das bedeutet, was z. B. K. Hübner (in seinem Buch: Kritik der wissenschaftlichen Vernunft, Freiburg—München 1978, S. 74, 97, 129, 131, 204 u. a.) als „historistisch“ — im Gegensatz zu „unhistorisch“ — bezeichnet. Hübners relativistischer sog. Historismus ist vom Standpunkt der materialistischen Dialektik gesehen unhistorisch vor allem deswegen, weil er diskontinuierlich aufgefaßte „Systemmengen“ aus dem Entwicklungszusammenhang herausreißt, der sowohl durch Kontinuität als auch Diskontinuität gekennzeichnet ist und nur unter der Bedingung rationell erfaßbar ist, daß Kontinuität und Diskontinuität als untrennbare Gegensätze berücksichtigt werden.

[18] W. I. Lenin, Karl Marx, in: LW, Bd. 21, Berlin 1960, S. 41.

schichte fehlte, sondern mehr noch, daß ihm die entwicklungsmäßige, dialektisch-evolutionäre Auffassung von aller Wirklichkeit, sowohl der natürlichen als auch der gesellschaftlichen und geistigen, fehlte. Denn „unhistorisch“ hat hier einen ähnlichen Sinn wie „den Standpunkt der Entwicklung überhaupt nicht, oder nur inkonsequent und einseitig zur Geltung bringend“. Folglich bedeutet dann „den Materialismus dialektisieren“ weitgehend soviel wie „den Materialismus historisieren“, d. h. mit der konsequenten und von Einseitigkeiten freiesten Auffassung der Entwicklung zu vereinigen.

Für Hegel war der raum-zeitliche historische Prozeß der Natur und Gesellschaft etwas Abgeleitetes, nichts Ursprüngliches. Hegel sah als Produzenten des realen historischen Prozesses an, was in Wahrheit ein abgeleitetes Produkt des primären außergedanklichen historischen Prozesses ist.[19] Bei Hegel sind die Denkformen vor allem Momente der „Geschichte in der Idee, d. h. der „Geschichte, die sich in der dialektischen Bewegung der reinen Vernunft abspiegelt“.[20] Diese Hegelsche „reine Vernunft“ — eine unpersönliche, ewige, von Individuen getrennte Vernunft — ist letzten Endes nur eine Weise der göttlichen Vernunft. In der absoluten Methode Hegels sind die Kategorien der absolute Grund von Allem,[21] während in der dialektisch-materialistischen Historisierung die Denkformen Momente des menschlichen Lebens, in ihrer ursprünglichen Grundschicht ein Reflex der materiellen Bewegung und in den späteren, höheren und abstrakteren Schichten auch das Produkt der gedanklichen Verarbeitung von Formen der ideellen Widerspiegelung der materiellen Bewegung (also einer Widerspiegelung der Widerspiegelung) sind. Erst unter der Voraussetzung der vollen Anerkennung dieses wesentlichen Unterschiedes gilt übereinstimmend für die idealistische und die materialistische Dialektik, daß alle Denkformen Momente des Werdens sind,[22]

[19] Vgl. K. Marx/F. Engels, Die deutsche Ideologie, in: MEW, Bd. 3, a. a. O., S. 49, 83, 121 u. a.

[20] K. Marx „Das Elend der Philosophie“, in: MEW, Bd. 4, Berlin 1959, S. 135.

[21] G. W. F. Hegel, Werke, Bd. 6, § 17: „Dem Inhalte nach werden in der Logik die Bestimmungen des Denkens an und für sich betrachtet. Sie sind auf diese Weise die konkreten reinen Gedanken, d. i. Begriffe, mit dem Wert und der Bedeutung des an- und für sich seienden Grundes von Allem.“

[22] Die Kategorie „Werden“ hält Hegel in WdL I., S. 70, 97 u. a. für

des Werdens, das eine ursprüngliche, von vermeintlich ursprünglicheren Zuständen des Beharrens nicht abgeleitete Seinsart ist und das die Ruheformen des Seins und Denkens als seine untergeordneten Momente enthält.

Hegels Flüssigmachung der Kategorien sieht in dem Kantischen Gedanken der ursprünglichen synthetischen Einheit der Apperzeption ihren Anfang und Keim. Die Entmystifizierung der Hegelschen Auffassung von der Bindung der dialektischen Methode an die Kantische Deduktion der Kategorien trennt die bei Kant antizipierte prozessuale Auffassung alles Seienden von der vermeintlich unlösbaren Verknüpfung dieser Konzeption mit der absolut idealistischen Deutung des „Alles“. Die materialistische Dialektik erblickt in der Konzeption Kants einen bedeutsamen Schritt auf die dialektische Auffassung alles Seins und Denkens als prozessualer Einheit von Gegensätzen hin, d. h. auf ein Denken hin, dessen fundamentale Form nicht die abstrakte Identität und nicht das abstrakte Allgemeine (und das abstrakte Einzelne), sondern das konkrete Allgemeine ist. Kant machte damit einen Schritt in der Richtung auf ein Denken hin, für das die oberste methodologische Richtschnur die Suche nach der „eigentümlichen Logik des eigentümlichen Gegenstandes“[23] ist, wobei die „eigentümlichen Gegenstände“ als Glieder des beweglichen Gesamtzusammenhanges der Welt aufgefaßt werden, deren Einheit in ihrer Materialität besteht.

Der Übergang zu einem solchen dialektischen Denken, das ein notwendiges Moment des revolutionären Überganges von der kapitalistischen ökonomischen Formation zur kommunistischen ist, wurde durch die Entfaltung des Materialismus, also jener Philosophie bewirkt, die auf der unabhängigen, ursprünglichen und gegenüber dem Denken primären Existenz der außergedanklichen Realität und auf dem Widerspiegelungscharakter des Denkens beharrt. In diesem Zusammenhang verliert begreiflicherweise der Kantsche Gedanke von der ursprünglichen synthetischen Einheit der Apperzeption seine ausschließliche Position als theoretische Hauptquelle der dialektischen Vernunft, wie er sie für die Hegelsche spekulativ idealistische Lösung noch hatte.

die erste Wahrheit, die allen ferneren logischen Bestimmungen zugrunde liegt.

[23] Vgl. K. Marx, Kritik des Hegelschen Staatsrechts, in: MEW, Bd. 1, Berlin 1956, S. 296.

Demgegenüber rückt im Blick auf die Vorgeschichte der dialektisch-materialistischen Historisierung der Denkformen jene Konzeption Kants in den Vordergrund, die in den Augen des spekulativen Idealisten Hegel keine größere Beachtung wegen ihrer Nähe zu dem Materialismus und der materialistischen Naturwissenschaft erfuhr: die Kantsche Hypothese von der Entwicklung des Kosmos.

Daß die von Hegel behauptete unlösbare Verbindung der Flüssigmachung der Kategorien mit der absolut idealistischen Deutung des „Alles“ bestritten werden kann, davon zeugt noch eine andere wichtige Tatsache der menschlichen Kultur. Aristoteles war zweifellos von einer absolut idealistischen Auffassung der Welt weit entfernt und war doch, wie Engels konstatierte, vor Hegel jener Philosoph, der am meisten zur Erkenntnis der flüssigen Natur der Kategorien beitrug.

Marx zufolge sind die Kategorien „der theoretische Ausdruck der historischen Entwicklung“[24]. Dies gilt sowohl von den Kategorien niederer Stufe der Allgemeinheit, z. B. von den Kategorien der politischen Ökonomie, als auch von den allgemeinsten logischen Kategorien. Das bedeutet allerdings nicht, daß die Bindung an die historische Entwicklung für alle Kategorien genau dieselbe und einförmig wäre.[25] Die ersten sind in der Regel auch dadurch historisch, daß sie vergänglich, vorübergehend, an eine gewisse Zeitspanne der gesellschaftlichen Entwicklung mit vorübergehenden Verhältnissen gebunden sind. Die zweiten, d. h. die logischen Kategorien, z. B. „Werden“ oder „abstrakte Identität“ und „konkrete Identität“, sind zwar nicht vergänglich, bleiben jedoch nichtsdestoweniger theoretische Ausdrucksweisen der historischen Entwicklung. Sie erfassen Seiten, Momente des Weltprozesses als ein und derselben unvergänglichen, obwohl stets in Veränderung begriffenen Wirklichkeit.[26] Diese und ähnliche logische Kategorien

[24] K. Marx, Das Elend der Philosophie, in: MEW, Bd. 4, a. a. O., S. 126.

[25] Vgl. dazu: N. V. Motrošilova (Hrsg.), Socialnaja priroda poznania, Moskau 1979, S. 136.

[26] Die Historisierung der Denkformen in dieser Sphäre könnte auch als nichtrelativistische Relativierung gekennzeichnet werden. Nicht nur das philosophische und gesellschaftswissenschaftliche Denken, sondern auch die Astronomie und Astrophysik der Gegenwart scheinen mit ihrer Infragestellung der Unerschütterlichkeit der physikalischen Konstanten der in diesem Sinne historisierten Denkformen dringend zu bedürfen.

sind zwar nicht vergänglich, jedoch veränderlich. Sie haben in dem Sinne einen historischen Charakter, daß ihr Bewußtwerden in der menschlichen Kultur einen geschichtlichen Prozeß darstellt, von dem die Geschichte der Logik, der Philosophie und der Wissenschaften überhaupt, ebenso wie das Vorkommen der unterschiedlichen historischen Typen der Rationalität in der Geschichte Zeugnis ablegen. Auch von den mathematisch-logischen Formen kann gesagt werden, daß sie geschichtlich im Sinne dieser oder jener Art ihrer theoretischen Auffassung (z. B. in der Form nichtformalisierter Sprachen oder formalisierter Kalküle) und im Sinne dieser oder jener Art ihrer praktisch-technischen Ausnützung sind (z. B. in der Form von Computern verschiedener Generationen). Ferner sind die logischen Formen geschichtlich in dem Sinne, daß sie ursprünglich die abstrakte Fixierung einer Seite dessen sind, was lediglich als historischer Prozeß existiert.

Diese Auffassung scheint uns schließlich auch im Einklang zu stehen mit Marxens Bestimmung der Wissenschaft als „Produkt der allgemeinen geschichtlichen Entwicklung in ihrer abstrakten Quintessenz“[27]. Der Ausdruck „allgemeine geschichtliche Entwicklung“ ist hier allerdings als Inbegriff von Natur- und Gesellschaftsgeschichte zu deuten.

[27] K. Marx, Theorien über den Mehrwert, in: MEW, Bd. 26. 1., Berlin 1965, S. 367.

DRITTES KAPITEL

Verstand und Vernunft in Hegels Wissenschaft der Logik und in der materialistischen Dialektik — illustriert durch Kritik an Freges philosophisch-logischer Grundorientierung

Eine nähere Bestimmung der dialektisch-materialistischen Historisierung der Denkformen soll in diesem Kapitel durch die Behandlung der Verstand-Vernunft-Problematik versucht werden.

Es besteht kein Zweifel daran, daß die Frage nach der Natur und Beziehung dessen, was Hegel „Verstand" und „Vernunft" nennt, eine wichtige konzeptionelle Rolle in seinem ganzen philosophischen System und daher auch in der *Wissenschaft der Logik* spielt. Diese befaßt sich allerdings nur in wenigen Passagen in zusammenhängender und ausdrücklicher Argumentation mit dieser Problematik.[1] Bereits aus diesem Grunde muß ein Nachdenken, das von der Interpretation solcher Passagen ausgeht, bewußt seine Ziele einschränken. Eine Reihe wichtiger Probleme des Aufbaus und des Wesens der *Wissenschaft der Logik* sowohl in bezug auf die Gesamtheit des Werkes als auch auf die einzelnen Übergänge, werden hier unerörtert bleiben.

[1] Vgl. hierzu: Wissenschaft der Logik, Hrsg. v. G. Lasson (im folgenden: WdL I und II), a. a. O., insbes.: WdL I., S. 6, S. 26f., S. 81 f., S. 134f., S. 183f.; WdL II., S. 221f., S. 249f., S. 309f., S. 429f. — Es wäre unbegründet, wollte man die Bedeutung der Verstand-Vernunft-Problematik in der „Wissenschaft der Logik" unangemessen herabsetzen. Es ist u. a. in Betracht zu ziehen, daß dasselbe, was in dem fünfzig Seiten umfassenden Abschnitt über die „Idee der Erkenntnis" in der „Wissenschaft der Logik" fast ohne Verwendung der Termini Verstand und Vernunft behandelt wird, beide Enzyklopädien, die Heidelberger und die Berliner, ausdrücklich im Rückgriff auf die Verstand-Vernunft-Problematik bearbeiten (vgl. G. W. F. Hegel, Werke, Bd. 6, § 169 u. f.; Bd. 8, 223 u. f.). — Die „Philosophische Propädeutik" charakterisiert die Logik als „die Wissenschaft des reinen Verstandes und der reinen Vernunft, der eigentümlichen Bestimmungen und Gesetze derselben" (G. W. F. Hegel, Werke, Bd. 3, S. 170).

Wie auch immer es mit den einschränkenden Voraussetzungen unserer Fragestellung bestellt sein mag, unsere folgenden Erwägungen beruhen auf der Überzeugung, daß mit der Behandlung der Verstand-Vernunft-Problematik[2] ein Beitrag zur Beantwortung der Frage geleistet werden kann, worin der Kern derjenigen logischen Entdeckungen Hegels besteht, an die die materialistische Dialektik kritisch anknüpft. Einige Ergebnisse der Analyse der Verstand-Vernunft-Problematik werden dann durch eine Kritik an Freges philosophisch-logischer Grundorientierung illustriert. Damit soll die Klärung der dialektisch-materialistischen Auffassung der Rationalität einen Schritt weitergebracht werden.

1.

Zunächst seien einige der genannten Passagen über die Beziehung von Verstand und Vernunft in der *Wissenschaft der Logik* vorgestellt, um den gedanklichen Stoff für die Beantwortung der Hauptfrage nach dem aktuellen Kern der logischen Entdeckungen Hegels vorzubereiten.

Wenn wir vorderhand die Vorrede zur 1. Ausgabe beiseite lassen, ist die erste zusammenhängendere Auslegung der Verstand-Vernunft-Problematik in Hegels Einleitung („Allgemeiner Begriff der Logik") zum ersten Buch der *Wissenschaft der Logik* enthalten.[3] Hier geht es dem Verfasser darum, „durch einige Erläuterungen und Reflexionen in räsonnierendem und historischem Sinne"[4] anzudeuten, was er unter logischer Wissenschaft versteht und auf welchem Standpunkt er sie bearbeitet. Wir erfahren hier, daß die neuzeitliche Verstand-Vernunft-Problematik, zu der Hegel das endgültige klärende Wort sagen will, *Kantschen*

[2] Wir wollen an die theoretische Arbeit anknüpfen, die diesbezüglich in der marxistisch-leninistischen Tradition geleistet wurde. Vgl. dazu die Arbeiten von P. V. Kopnin, V. F. Asmus, E. V. Iljenkov, T. I. Oiserman, W. I. Šinkaruk, N. V. Motrošilova, Z. M. Abdil'din, V. A. Lektorskij, I. S. Narskij, V. S. Švyrev, G. Redlow, C. Dan u. a. Siehe auch die Schlagwörter „rassudok" und „razum" in der sowjetischen „Philosophischen Enzyklopädie", Bd. 4, Moskau 1967 aus der Feder von G. S. Batiščev.

[3] G. W. F. Hegel, WdL I., S. 26f.

[4] Ebenda, S. 23–24.

Ursprungs ist.[5] Sie wird in einer Epoche formuliert, da sich „der reflektierende Verstand" der Philosophie bemächtigte.[6] Es ist genau zu wissen, — setzt Hegel fort, — was dieser Ausdruck bedeutet: „... es ist überhaupt darunter der abstrahierende und damit trennende Verstand zu verstehen, der in seinen Trennungen beharrt. Gegen die Vernunft gekehrt beträgt er sich als *gemeiner Menschenverstand* und macht seine Ansicht geltend, daß die Wahrheit auf sinnlicher Realität beruhe, daß die Gedanken *nur* Gedanken seien in dem Sinne, daß erst die sinnliche Wahrnehmung ihnen Gehalt und Realität gebe, daß die Vernunft, insofern sie an und für sich bleibe, nur Hirngespinste erzeuge."[7] Kant machte allerdings einen großen Schritt auf dem Weg zum wahren Begriff der Vernunft. Er gelangte weiter als seine Vorgänger und Zeitgenossen, da er zur Einsicht in den notwendigen Widerstreit der Verstandesbestimmungen mit sich selbst kam. Die Auffassung Kants von der Notwendigkeit des Widerstreits war jedoch darin inkonsequent, daß ihr die Einsicht fehlte, daß „der Widerspruch eben das Erheben der Vernunft über die Beschränkungen des Verstands und das Auflösen derselben ist"[8]. Endergebnis „des große(n) negative(n) Schritt(s) zum wahrhaften Begriffe der Vernunft"[9] bei Kant ist daher die Rechtfertigung der Kapitulation der theoretischen Vernunft, die Rückkehr zur sinnlich gebundenen Erscheinungserkenntnis als der einzig sicheren und festen. „In diesem Verzichttun der Vernunft auf sich selbst geht der Begriff der Wahrheit verloren, sie ist darauf eingeschränkt, nur subjektive Wahrheit, nur die Erscheinung zu erkennen, nur etwas, dem die Natur der Sache selbst nicht entspreche; das *Wissen* ist zur *Meinung* zurückgefallen."[10]

Wichtig ist der Umstand, daß Hegel — ähnlich wie diese erste Passage — auch den Großteil der übrigen Aussagen über die Beziehung zwischen Verstand und Vernunft mit der kritischen

[5] Ähnlich G. W. F. Hegel, Werke, Bd. 8, S. 134: „Erst durch Kant ist der Unterschied zwischen Verstand und Vernunft bestimmt hervorgehoben und in der Art festgestellt worden, daß jener das Endliche und Bedingte, diese aber das Unendliche und Unbedingte zum Gegenstand hat".

[6] G. W. F. Hegel, WdL I., S. 26.

[7] Ebenda.

[8] Ebenda, S. 27.

[9] Ebenda, S. 26.

[10] Ebenda.

Würdigung der Kantschen Philosophie, sei es direkt oder vermittelt durch die Kritik Jacobis an Kant, verbindet.[11] Das gilt von der Erörterung im Subkapitel über die Kategorie „Werden“[12], die in der Kritik an Jacobis antikantischer Abhandlung *Über das Unternehmen des Kritizismus, die Vernunft zu Verstande zu bringen* den Zusammenhang der spekulativen Vernunft mit der ursprünglichen synthetischen Einheit der Apperzeption bei Kant aufhellt und den Charakter der Einheit und der Vereinigung im spekulativ vernünftigen Denken behandelt. Ähnlich enthält auch die spätere[13] Darlegung darüber, wie die Einheit des Endlichen und Unendlichen vom Verstand verfälscht wird, im Hintergrund Erwägungen über die Antinomien Kants. Ebenso geht die Erörterung von Verstand und Vernunft in der Anmerkung zum Subkapitel über die „reine Quantität“[14], die eine Einsicht in die „antinomische, oder wahrhafter in die dialektische Natur der Vernunft“ in der Beziehung zur Natur der „endlichen“, verständigen Denkformen vermittelt, von der Kantschen Antinomie von Kontinuität und Diskretion aus.

Im dritten Buch der *Wissenschaft der Logik* finden wir eine zusammenhängendere Darstellung von der Beziehung zwischen Verstand und Vernunft gleich in dem Einleitungsteil „Vom Begriff im allgemeinen“. Auch hier wird der Zusammenhang des spekulativ vernünftigen Denkens mit dem Kantschen Gedanken der ursprünglichen synthetischen Einheit der Apperzeption betont. Hier lesen wir: „Wenn nach der gewöhnlichen Weise von dem

[11] Dadurch kommt die explizite Auslegung dieser Problematik in der „Wissenschaft der Logik“ der Darlegung in der phänomenologischen Einstellung (im Sinne Hegels) nahe und kann die Möglichkeit herbeiführen, den Unterschied zwischen der phänomenologischen und logischen Untersuchung dieser Frage zu übersehen. Mit diesem Unterschied befaßt sich Hegel ausdrücklich in der „Philosophischen Propädeutik“ (Werke, Bd. 3, S. 171). Für die materialistische Kritik, die diesen Unterschied nicht übersieht, ist allerdings diese Annäherung an die phänomenologische Einstellung vorteilhaft, sie erleichtert die Interpretation. Auch in dieser Frage gilt, daß die „Phänomenologie des Geistes“ die Geburtsstätte des ganzen reifen philosophischen Systems Hegels ist.

[12] G. W. F. Hegel, WdL I., S. 81–83. – Über den Standpunkt Jacobis in der Frage Verstand–Vernunft siehe auch WdL II., S. 476.

[13] G. W. F. Hegel, WdL I., S. 134.

[14] Ebenda, S. 183.

Verstande, den *Ich habe*, gesprochen wird, so versteht man darunter ein *Vermögen* oder *Eigenschaft*, die in dem Verhältnisse zum Ich stehe wie die Eigenschaft des Dings zum *Dinge* selbst, — einem unbestimmten Substrate, welches nicht der wahrhafte Grund und das Bestimmende seiner Eigenschaft sei. Nach dieser Vorstellung *habe* Ich Begriffe und den Begriff, wie ich auch einen Rock, Farbe und andere äußerliche Eigenschaften habe."[15]

Die Gedanken Kants in der transzendentalen Deduktion der Kategorien werden von Hegel als Kritik der alten ontologischen Struktur „Ding-Eigenschaft-Beziehung" bewertet sowie als Schritt vorwärts zu einer prozessualen Auffassung alles Seienden. Zugleich interpretiert Hegel diese Ansichten Kants und spinnt sie gedanklich weiter aus, so daß er in ihnen den Keim des absoluten Idealismus, d. h. jener konstitutiven Illusion erblickt, daß der wirkliche, objektive Charakter der Gegenstände durch ein objektives, sich selbstentwickelndes Denken geschaffen wird. „Das Begreifen eines Gegenstandes besteht in der Tat in nichts anderem, als daß Ich denselben sich zu *eigen* macht, ihn durchdringt und ihn in *seine eigene Form*, d. i. in die *Allgemeinheit*, welche unmittelbar *Bestimmtheit*, oder Bestimmtheit, welche unmittelbar Allgemeinheit ist, bringt. Der Gegenstand in der Anschauung oder auch in der Vorstellung ist noch ein *Äußerliches, Fremdes*. Durch das Begreifen wird das *An- und Fürsichsein*, das er im Anschauen und Vorstellen hat, in ein *Gesetztsein* verwandelt; Ich durchdringt ihn *denkend*. Wie er aber im Denken ist, so ist er *erst an und für sich* ..."[16]. Offenbar ist Hegel davon überzeugt, daß der Übergang von der alten ontologischen Struktur „Ding-Eigenschaft-Beziehung" zur prozessualen Auffassung alles Seienden untrennbar mit der absolut idealistischen Bestreitung der unabhängigen Existenz der außergedanklichen Gegenstände verknüpft und daher nicht anders möglich ist.

Ein weiterer Abschnitt des dritten Buches der *Wissenschaft der Logik* mit ausdrücklicher Bezugnahme auf die Verstand-Vernunft-Problematik erläutert den systematischen Platz des Verstandes als der Fähigkeit, das abstrakt Allgemeine in der wahren Erkenntnis zu denken.[17] Die relative Berechtigung des verständigen Denkens wird so gefaßt: „Der bestimmte und abstrakte Begriff

[15] G. W. F. Hegel, WdL II., S. 221.
[16] Ebenda, S. 222.
[17] Ebenda, S. 249f.

ist die *Bedingung* oder vielmehr *wesentliches Moment der Vernunft*."[18] Hegel erklärt nachhaltig: „Es ist daher in jeder Rücksicht zu verwerfen, Verstand und Vernunft so, wie gewöhnlich geschieht, zu trennen."[19] Unter der damals gewöhnlichen Trennung von Verstand und Vernunft konnte Hegel hauptsächlich zwei Konzeptionen — die Kants und Jacobis — meinen. Kant trennte Verstand und Vernunft in dem Sinn, daß er die gesamte objektive Gültigkeit der Erkenntnis und die phänomenalistisch reduzierte objektive Wahrhaftigkeit dem erfahrungsgebundenen Verstand und nur dem Verstand zuerkannte, während er die theoretische Vernunft zur Unfähigkeit hinsichtlich der objektiv gültigen Erkenntnis verurteilte. Jacobi trennte Verstand und Vernunft in dem Sinn, daß er dem Verstand die Fähigkeit zuerkannte, das Bedingte in Abhängigkeit vom Bedingten zu erkennen, aber als einzigen Weg zur Erkenntnis des Unbedingten jenes irrationale Vorgehen verteidigte, das er als „Vernunft" bezeichnete. Hegel lehnte diese beiden damaligen Trennungen von Verstand und Vernunft ab und verlangt, daß Verstand und Vernunft nicht getrennt, sondern in untrennbarer Einheit aufgefaßt werden. Genauer gesagt, wenn wir uns strikt an den Text halten, verwirft der hier angeführte Gedanke Hegels nicht jedwede Trennung von Verstand und Vernunft, sondern nur eine solche Trennung, wie sie damals üblich war. Aus dem Kontext geht hervor, daß Hegel zufolge die spekulativ vernünftige Auffassung der Untrennbarkeit von Verstand und Vernunft eine gewisse Form von Trennung, eine gewisse Form nicht nur der Unterscheidung, sondern auch der Kontraposition umfaßt — eine Trennung, die nicht vom abstrakten Verstand, sondern von der spekulativen Vernunft, deren Moment der Verstand ist, vorgenommen wird.

Schließlich finden wir noch eine wichtige zusammenhängendere Darstellung der Beziehung zwischen Verstand und Vernunft im dritten Abschnitt des Dritten Buches der *Wissenschaft der Logik*. Sie wird in der Regel als Beziehung der absoluten Methode (d. h. des spekulativen dialektischen Denkens) zur analytischen und synthetischen Methode des „verständigen endlichen Erkennens" gekennzeichnet.[20] Hier sind wir nach Hegel in der Sphäre der Idee, von der gilt, daß „... die Idee ... als die Vernunft (dies

[18] Ebenda, S. 252.
[19] Ebenda.
[20] Ebenda, S. 491 f.

ist die eigentliche philosophische Bedeutung für Vernunft) ... gefaßt werden"[21] kann. Die Formen des endlichen Erkennens werden in ihrem Zusammenhang und in ihrer Bedeutung für die spekulative „absolute" Methode erörtert, und Hegel konkretisiert hier in seiner Art den oben ausgesprochenen Gedanken von der Einheit (und der Gegensätzlichkeit) von Verstand und Vernunft. Die *Heidelberger Enzyklopädie* charakterisiert zwar an der Parallelstelle zur *Wissenschaft der Logik* dieses endliche Erkennen so, als ob es eine Verstand und Vernunft gegenseitig trennende Interpretation begründen könnte („Dies Erkennen ist daher der Verstand ohne die Vernunft; die Aufnahme des gegebenen Objekts in die ihm *äußerlich* bleibende *Form* des Begriffs"[22]), aber die *Berliner Enzyklopädie* präzisiert an der entsprechenden Stelle: „Es ist die als Verstand tätige Vernunft"[23]. Beide Charakteristiken lassen sich vom Standpunkt der Philosophie Hegels als miteinander vereinbar auffassen, da im ersten Fall (in der *Heidelberger Enzyklopädie*) der Prozeß des endlichen verständigen Erkennens beschrieben wird, wie er für dieses verständige Erkennen selbst ist, und dann gilt, daß das endliche verständige Erkennen „die Voraussetzung einer vorgefundenen Welt hat, und damit seine Identität mit derselben nicht für es selbst ist"[24]. Die *Berliner Enzyklopädie* verschiebt den Gesichtspunkt in eine objektivere Ebene und betont die Einheit und Unterordnung des Verstandes gegenüber der Vernunft, da das verständige Erkennen zwar von sich als Moment der „Arbeit" der spekulativen Vernunft nicht weiß, es aber an sich ist: „Es steht aber in seinem äußerlichen Tun unter der Leitung des Begriffs, und dessen Bestimmungen machen den inneren Faden des Fortgangs aus."[25]

[21] G. W. F. Hegel, Werke, Bd. 8, § 214. – Vgl. WdL II., S. 407f.: „... und insofern die Vernunft vom Verstande und dem Begriff als solchem unterschieden wird, so ist sie die Totalität des Begriffs und der Objektivität. – In diesem Sinne ist die Idee das *Vernünftige*; – sie ist das Unbedingte darum, weil nur dasjenige Bedingungen hat, was sich wesentlich auf eine Objektivität bezieht, aber eine nicht durch es selbst bestimmte, sondern eine solche, die noch in der Form der Gleichgültigkeit und Äußerlichkeit dagegen ist ...".

[22] G. W. F. Hegel, Werke, Bd. 6, § 172.

[23] G. W. F. Hegel, Werke, Bd. 8, § 226.

[24] G. W. F. Hegel, Werke, Bd. 6, § 172.

[25] G. W. F. Hegel, Werke, Bd. 8, § 226.

Der Zusammenhang der spekulativ dialektischen Auffassung der Beziehung zwischen Verstand und Vernunft und der Philosophie Kants wird im Abschnitt „Die Idee" im Dritten Buch der *Wissenschaft der Logik* durch den Hinweis auf die Rolle der Kantschen *Kritik der Urteilskraft* mit ihrer Idee vom Leben und dem intellectus archetypus ergänzt.[26]

2.

Was bleibt von der Hegelschen Lösung der Verstand-Vernunft-Problematik, wie sie in seiner Logik ihren Ausdruck findet, auch in der materialistischen Dialektik lebendig?

Wenn Hegel sagt, daß die Denkbestimmungen endlicher Natur sind, sofern sie mit einem festen Gegensatz behaftet sind, und daß das Denken, das nur endliche Bestimmungen hervorbringt und in solchen sich bewegt, Verstand (im genaueren Sinne des Wortes) heißt;[27] daß man beim nur verständigen Denken nicht stehenbleiben kann, wenn es um wahrhaftes Denken geht, und daß es ein großer Irrtum ist, die Natur des Denkens *nur* in dieser Verstandesform erkennen zu wollen und demzufolge z. B. in der axiomatisch deduktiven Beweisführung vom Euklidischen Typ die absolute und privilegierte Grundlage alles begründenden und begründeten Denkens zu sehen; daß es außer der Jacobischen[28] bloß negativen und irrationalistischen Kritik des verständigen Denkens eine positive Kritik gibt, die den Weg zu neuen umfassenderen, wahrhafteren Formen der Rationalität bahnt, — so kann ein dialektischer Materialist in all diesen und ähnlichen Gedanken Hegels epochale Entdeckungen auf dem Gebiet der Logik und Erkenntnistheorie erblicken, und er kann seine eigenen Untersuchungen als positive Anknüpfung an Hegel ansehen.

Wenn aber Hegel meint: „Näher ist die *Endlichkeit* der Denkbestimmungen auf die gekoppelte Weise aufzufassen, die eine, daß sie *nur subjektiv* sind und den bleibenden Gegensatz am Objektiven haben, die andere, daß sie als *beschränkten Inhaltes* überhaupt sowohl gegeneinander als noch mehr gegen das Abso-

[26] G. W. F. Hegel, WdL II., S. 387, 435 u. a.

[27] G. W. F. Hegel, Werke, Bd. 8, § 25.

[28] Viele spätere Kritiker der „technologischen Rationalität" wiederholen im wesentlichen nur das Grundverfahren Jacobis.

lute im Gegensatze verharren“[29] — so wird ein dialektischer Materialist diese Ansicht als eine mystifizierende Verbindung und als eine Amalgamierung der angeführten Entdeckungen mit der übergreifenden Konzeption der Identität von Denken und Sein kritisieren und ablehnen. An der Hegelschen Behauptung, daß die Denkbestimmungen verständig sind, insofern sie „den bleibenden Gegensatz am Objektiven haben“[30], wird die dialektisch-materialistische Kritik immer Anstoß nehmen und daran festhalten, daß das wahrhafte Denken letzten Endes mit etwas Vorgefundenem, das unabhängig vom Denken existiert oder existieren kann, zu tun hat, und daß dieser Tatbestand nicht notwendigerweise — wie Hegel meinte — die bloße Subjektivität der Denkbestimmungen impliziert. Im Gegenteil, erst die dialektisch-materialistische Umarbeitung der Verstand-Vernunft-Problematik schafft die Bedingungen für eine vertiefte Objektivität des Denkens im Rahmen des aufkommenden neuen historischen Typs der Rationalität. Für ihn ist die doppelte Historisierung der logischen Problematik kennzeichnend: die Historisierung im Sinne der prozessualen Auffassung aller Seins- und Denkformen und die Historisierung, die die praktischen (historisch-gesellschaftlichen) Grundlagen des Denkens und des Menschseins berücksichtigt.

Es ist wohl ersichtlich, daß diese unsere zunächst nur thesenhafte Antwort, die wir im weiteren wenigstens in einigen Hauptpunkten eingehender zu begründen und zu entwickeln versuchen, mit der prinzipiellen Wertung der Hegelschen Logik, die von Marx, Engels und Lenin überliefert ist und in der marxistisch-leninistischen Tradition akzeptiert wird, übereinstimmt. Die Übereinstimmung in der grundsätzlichen Wertung gibt allerdings noch nicht die erforderlichen Antworten auf die neuen theoretischen Aufgaben, die sich notwendigerweise aus der fortschreitenden Entwicklung des wissenschaftlichen Denkens und der gesellschaftlichen Praxis ergeben, und es ist selbstverständlich, daß die Versuche einer eingehenderen Bearbeitung sich ungeachtet des gemeinsamen Ausgangspunktes durch Abweichungen in den Ansichten auszeichnen können. In der Frage der Legitimität der Unterscheidung und des Wesens der Beziehung zwischen Verstand und Vernunft auf dem Boden der materialistischen Dialektik

[29] G. W. F. Hegel, Werke, Bd. 8, § 25.
[30] Ebenda. — Vgl. auch § 226: „Die Endlichkeit des Erkennens liegt in der Voraussetzung einer vorgefundenen Welt ...“

zeigt sich dies — um nur bei der neueren sowjetischen philosophischen Literatur über diesen Gegenstand zu bleiben — z. B. dadurch, daß P. V. Kopnin[31] u. a. die eingehende Bearbeitung der Kategorien Verstand und Vernunft auf dem Boden der materialistischen Dialektik für die Lösung solcher Probleme, wie es der Charakter des sogenannten Maschinendenkens ist, aber auch für eine tiefere Erklärung der Entstehungs- und Entwicklungsprozesse der wissenschaftlichen Theorien für erforderlich halten, während I. S. Narskij u. a. der Ansicht sind, daß „das Verwenden der unterschiedlichen Kategorien ‚Vernunft' und ‚Verstand' in der marxistisch-leninistischen Erkenntnistheorie heute fruchtlos ist"[32]. Unsere Ansichten über die angeführte Frage betrachten wir als einen Beitrag zu der im Gange befindlichen Diskussion.

Die hier unterbreiteten Erwägungen wollen begründen, daß auch auf dem Boden der materialistischen Dialektik die Unterscheidung des verständigen und des vernünftigen Denkens einen gewissen fruchtbringenden Sinn hat. Wir werden unter dem Begriff des *verständigen* Denkens diejenige Denkweise verstehen, die durch feste Kategorien und demzufolge auch durch fixe, unvermittelte Gegensätze gekennzeichnet wird. Aus demselben Grunde kann man das verständige Denken als das im Rahmen und in den Grenzen der abstrakten Identität[33] sich bewegende Denken

[31] P. V. Kopnin, Russudok i razum i ich funkcii v poznanii, in: Voprosy filosofii, Moskau, 4/1963, S. 64.

[32] I. S. Narskij, Hegel und die Logik unserer Zeit, in: Deutsche Zeitschrift für Philosophie, Berlin, 1/1971, S. 69. — Narskij fährt fort: „Dadurch werden zwei bei weitem nicht identische Antithesen verknüpft und verworren — einerseits die Antithese zwischen der Dialektik und der formalen Logik, andererseits die Antithese zwischen der Dialektik und der Metaphysik. Das kann leicht zu neoromantischen Angriffen gegen die Wissenschaft verwendet werden." (Der anregende Aufsatz Narskijs erschien ursprünglich russisch in: Voprosy filosofii, Moskau, 8/1970. Den deutschen Text präzisiere ich nach dem russischen Original).

[33] Vgl. hierzu die Ansicht von Engels: „Je weiter die Physiologie sich entwickelt, desto wichtiger werden für sie diese unaufhörlichen, unendlich kleinen Veränderungen, desto wichtiger für sie also ebenso die Betrachtung des Unterschieds *innerhalb* der Identität, und der alte abstrakt formelle Identitätsstandpunkt, daß ein organisches Wesen als ein mit sich einfach Identisches, Konstantes zu behandeln, veraltet. Trotzdem dauert die auf ihn gegründete Denkweise mit ihren Kategorien fort. Aber schon in der unorganischen Natur die

charakterisieren — zum Unterschied vom *vernünftigen*, d. h. einem dialektischen vernünftigen Denken, für welches „flüssige" Kategorien und das Prinzip der Einheit und der gegenseitigen Durchdringung der Gegensätze kennzeichnend ist. Unter der *metaphysischen* Denkweise werden wir das Absolut-setzen, und nur das Absolut-setzen des verständigen Denkens verstehen.

Diese Begrifflichkeit ermöglicht u. E. eine fruchtbare Untersuchung z. B. der Frage nach der Beziehung der materialistischen Dialektik zu den philosophischen Grundlagen der mathematischen Logik, wie wir sie im Schlußabschnitt dieses Kapitels mit einigen Bemerkungen über die philosophisch-logische Konzeption illustrieren wollen, die G. Frege in die Grundlagendebatte der modernen mathematischen Logik einbrachte.

Zunächst aber ist es angebracht, die positive und negative Bindung der vorgeschlagenen dialektisch-materialistischen Unterscheidung von Verstand und Vernunft an die Hegelsche Lösung dieser Problematik darzulegen, d. h. eine Beantwortung der Frage zu versuchen, worin die materialistische *Demystifizierung* der Hegelschen Entdeckungen in diesem Bereich besteht.

3.

An die Verstand-Vernunft-Theorie Hegels kann die dialektisch-materialistische Denkweise (und die Unterscheidung des bloß verständigen und des dialektisch-vernünftigen Denkens auf ihrem Boden) deshalb positiv anknüpfen, weil Hegel darin — und in seiner ganzen Philosophie — konsequent alle Denk- und Seinsformen als Momente des Selbstgestaltungsprozesses aufzufassen begann, der die Grundform des Seins (die Grundform der Bewegung) ist und der nicht in abstrakt ausschließendem Gegensatz zu den entwicklungslosen Strukturen steht, sondern diese als sein unter-

Identität als solche in Wirklichkeit nicht existierend. Jeder Körper ist fortwährend mechanischen, physikalischen, chemischen Einwirkungen ausgesetzt, die stets an ihm ändern, seine Identität modifizieren. Nur in der Mathematik — einer abstrakten Wissenschaft, die sich mit Gedankendingen beschäftigt, gleichviel ob Abklatschen der Realität, ist die abstrakte Identität und ihr Gegensatz gegen den Unterschied am Platz und wird auch da fortwährend aufgehoben." (F. Engels, Dialektik der Natur, in: MEW, Bd. 20, a. a. O., S. 483f.)

geordnetes Moment enthält. Mit anderen Worten: Hegel geht einen Schritt vorwärts zum konsequent entwicklungsmäßigen Denken und faßt die Beziehung der entwicklungslosen (ahistorischen) Strukturen zu den Selbstgestaltungsstrukturen neu.

Es ist eine unbestreitbare Tatsache der tatsächlichen Geschichte des theoretischen Denkens, daß im Bewußtsein und im Werk Hegels dieser geniale Schritt vorwärts mit der gedanklichen Weiterführung der Kantschen ursprünglichen synthetischen Einheit der Apperzeption zum sogenannten „Prinzip der Spekulation“ und schließlich zur absolut idealistischen Gesamtkonzeption von Vernunft und Geist verknüpft, und zwar untrennbar verknüpft ist.

Kommen wir auf einige bereits erwähnte Gedanken Hegels über diesen Zusammenhang zurück und bemühen wir uns aufzuspüren, wie in ihnen die Entdeckungen mit der übergreifenden Illusion darüber vermengt sind, daß der Prozeß der Selbstgestaltung als Existenzweise des Seins letztendlich ideellen Charakter habe und daß es sich demnach im wahren Erkennen darum handelt, zu begreifen, wie die gesamte Wirklichkeit Produkt „des sich in sich zusammenfassenden, in sich vertiefenden und aus sich selbst sich bewegenden Denkens“[34] ist.

Anhand der oben zitierten Einführung zum Dritten Buch der *Wissenschaft der Logik*, die „Vom Begriff im allgemeinen“[35] handelt, läßt sich die Struktur der Entstehung der grundlegenden Mystifikation, oder genauer gesagt: die spezifische theoretische Form dieser Mystifikation, klar aufzeigen. Der Übergang von der alten ontologischen Struktur „Ding-Eigenschaft-Beziehung“, die die entwicklungslosen Strukturen als grundlegend voraussetzte, zur prozessualen Auffassung aller Seins- und Denkformen wird hier ausdrücklich mit der Kantschen transzendentalen Deduktion der Kategorien verbunden: „Es gehört zu den tiefsten und richtigsten Einsichten, die sich in der Kritik der Vernunft finden, daß die *Einheit*, die das *Wesen* des *Begriffs* ausmacht, als die *ursprünglich-synthetische* Einheit der *Apperzeption*, als Einheit des: *Ich denke*, oder des Selbstbewußtseins erkannt wird.“[36] Das wahre Erkennen („das Begreifen“) ist nicht Angelegenheit einer einfachen einmaligen Eingebung oder einer einfachen unvermittelten Anschauung, sondern erfolgt in einem Gedankengang, dessen grund-

[34] K. Marx, Grundrisse, a. a. O., S. 22.
[35] G. W. F. Hegel, WdL II., S. 221–222.
[36] G. W. F. Hegel, WdL II., S. 221.

legende Struktur von der beweglichen Einheit des Allgemeinen und des Besonderen gebildet wird. Erst wenn der Gegenstand in dieser Bewegungsstruktur angeeignet ist, wird er in seinem wahren objektiven Wesen angeeignet. Das wahre objektive Wesen der Gegenstände ist also derart ein Produkt des Denkens, daß in seiner Grundstruktur die bewegliche untrennbare Einheit des Allgemeinen und des Besonderen und zugleich ein Prozeß der Vermittlung ist, der vom Unvermittelten ausgeht und durch die Vermittlung zu diesem zurückkehrt. Fundamentale Struktur des wahren Begriffes, d. h. für Hegel des objektiven Wesens der Gegenstände, ist demnach das konkrete Allgemeine als bewegliche Einheit des Allgemeinen und Besonderen, und die Negation der Negation als das Negieren der Unvermitteltheit durch die Vermittlung, die selbst zum ursprünglich negierten Unvermittelten zurückkehrt und dieses in seiner „Wahrheit" begreift. Damit ist diese Bewegung auch ein Vorgehen vom Abstrakten zum gedanklich Konkreten.

Diese Bewegungszusammenhänge des Denkens beim Begreifen lassen eine Illusion aufkommen, die Hegel so ausdrückt: Zu Beginn der Bewegung des begreifenden Denkens erscheint das objektive Wesen des Gegenstandes, sein An- und Fürsichsein, als etwas dem begreifenden Denken Äußerliches, Fremdes und auch als etwas (durch das Denken) Unvermitteltes. Aber das ist tatsächlich nur ein Schein, wenngleich ein objektiv notwendiger Schein, eine notwendige Erscheinungsform.[37] Das begreifende Denken negiert diese Unvermittelheit des objektiven Wesens der Gegenstände durch das Denken und macht aus dem objektiven Wesen der Gegenstände etwas Geschaffenes, und zwar geschaffen gerade durch jene bewegliche Einheit des Allgemeinen und Besonderen und durch die Bewegung vom Unvermittelten über die Negation der Unvermitteltheit zur vermittelten Unmittelbarkeit (also durch die Bewegung der Negation der Negation, die für Hegel Selbstverwirklichung des Begriffs ist): „Das Denken hebt seine *Unmittelbarkeit*, mit der er (der Gegenstand — J. Z.) zunächst vor uns kommt, auf und macht so ein *Gesetztsein* aus

[37] G. W. F. Hegel, WdL II., S. 222: „Durch das Begreifen wird das *An- und Fürsichsein*, das er (der Gegenstand — J. Z.) im Anschauen und Vorstellen hat, in ein *Gesetztsein* verwandelt; Ich durchdringt ihn *denkend*. Wie er aber im Denken ist, so ist er *erst an und für sich*; wie er in der Anschauung oder Vorstellung ist, ist er *Erscheinung*."

ihm; dies sein *Gesetztsein* aber ist *sein An- und Fürsichsein* oder seine *Objektivität*. Diese Objektivität hat der Gegenstand somit im *Begriffe*, und dieser ist die *Einheit des Selbstbewußtseins*, in die er aufgenommen worden; seine Objektivität oder der Begriff ist daher selbst nichts anderes als die Natur des Selbstbewußtseins, hat keine andere Momente oder Bestimmungen als das Ich selbst."[38]

Auf diese Weise erscheint also Hegel das objektive Wesen der Gegenstände als Produkt des Denkens und in der logisierten Abstraktion[39] sodann der „Begriff" als grundlegende Bewegungsstruktur alles Seienden. Und da die bewegliche Einheit des Allgemeinen und Besonderen nicht ein Übergang zu etwas anderem, sondern Selbstunterscheidung ist, erweist sich den Denkern der deutschen klassischen bürgerlichen Philosophie nach Kant das absolute Ich und nur das absolute Ich — mag es das ursprünglich Fichtesche Ich oder das in den Begriff, die Vernunft, den Geist modifizierte Ich sein — als das, was unbedingt, selbstbestimmend, absolut ist. Hegels spekulativ-vernünftiges Denken, das die Gegenstände so begreifen will, wie sie im Absoluten sind, findet hier seinen Nährboden und arbeitet dann mit diesen absolut idealistischen Schlußfolgerungen als festen Vorurteilen.[40]

Hegel sieht also einen direkten Zusammenhang zwischen der spekulativen Vernunft und der im Geiste Fichtes interpretierten

[38] G. W. F. Hegel, WdL II., S. 222.

[39] Hegel tut etwas, was er Kant vorwirft: die Verfahren und das Wesen des Denkens nicht in ausreichend durchdringender Abstraktion zu erfassen und bei einer psychologischen und empirischen Betrachtungsweise des Denkens zu verbleiben. Schon Fichte sah, mit einem vergleichbaren Blick auf den Kritizismus Kants, das Aufkommen einer neuen Philosophie darin, daß „die Handlungsart des menschlichen Geistes zum Bewußtsein erhoben wird". (Fichtes Werke, ed. Medicus, Bd. I., Leipzig 1908, S. 210). Allerdings in den Grenzen des Vorurteils, daß an und für sich nur das Ich sein kann. In dieser Methode des philosophischen Nachdenkens fährt auch Hegel fort und wendet sie nicht nur Kant gegenüber, sondern auch gegenüber Fichte und Schelling an. — Die antizipierende Vermittlung der Hegelschen Kritik an Kant durch Fichte und den jungen Schelling, der Hegel in den Jenaer Aufsätzen eingehende Aufmerksamkeit widmet, tritt in der Wissenschaft der Logik in den Hintergrund und wird oft ohne Erwähnung übergangen. In Wirklichkeit war diese Vermittlung allerdings wesentlich.

[40] Vgl. § 35 der Heidelberger Enzyklopädie (Werke, Bd. 6). — Die

Kantschen ursprünglich-synthetischen Einheit der Apperzeption.[41] Daher konnte er in diesem Sinn bereits in einer seiner Jenaer Abhandlungen[42] über Kant bemerken — was auch in der *Wissenschaft der Logik* die Quintessenz der Charakteristiken der Kantschen Philosophie bildet — daß zwar im Hauptwerk Kants „der Verstand mit Vernunft", indes aber „die Vernunft mit Verstand" behandelt wurde.

Die oben angedeutete Demystifikation ermöglicht nun die Hegelsche Darstellung der Beziehung zwischen Verstand und Vernunft „materialistisch zu lesen".

Wenn Hegel die Forderung erhebt, die bisherigen logischen und ontologischen Ansichten „zu begeisten", „durch den Geist zu beleben"[43], bedeutet dies nach der Demystifikation: was bislang aus dem Zusammenhang des Prozesses der Selbstgestaltung der Natur[44] und der menschlichen Gesellschaft in unbewußter Abstraktion herausgelöst, herausgerissen wurde, soll in die Zusammenhänge des Selbstgestaltungsprozesses eingebettet und so belebt,

wiederholte Versicherung Hegels, Beweis und Begründung des Standpunktes des absoluten Idealismus sei die „Phänomenologie des Geistes", gilt zwar im Rahmen des Hegelschen Systems, ist aber unhaltbar, weil die Methode der „Phänomenologie" tatsächlich die Wahrhaftigkeit des absoluten Idealismus voraussetzt — und im Rahmen der Hegelschen Philosophie auch voraussetzen muß.

[41] Siehe oben im 2. Kapitel S. 27.
K. Düsing hat Recht, wenn er zu dieser Seite der Hegelschen Kantkritik bemerkt: „Hegel interpretiert damit Kants Philosophie von vornherein von seiner Metaphysik der absoluten Substanz als des absoluten Subjekts aus." (K. Düsing, Das Problem der Subjektivität in Hegels Logik, Hegel-Studien, Beiheft 15, Bonn 1976, S. 236). Zugleich gilt allerdings, daß die Konzeption Hegels von der Substanz als Subjekt und des Subjekts als Substanz im Selbstverständnis Hegels die „Wahrheit" der ursprünglichen synthetischen Einheit der Apperzeption und ihre authentische gedankliche Ausgestaltung ist.

[42] G. W. F. Hegel, Differenz des Fichteschen und Schellingschen Systems der Philosophie ..., in: G. W. F. Hegel, Jenaer Schriften, a. a. O., S. 4.

[43] Vgl. G. W. F. Hegel, WdL I., S. 34 u. a.

[44] Anstatt „Selbstgestaltung" könnten wir „Selbstbewegung" sagen in dem Sinne, den W. I. Lenin in seinen Philosophischen Heften (LW, Bd. 38, Berlin 1964, S. 339) präzisiert.

von Starrheit und unprozessualer, entwicklungsloser Fixierung frei bleiben. Die materialistische Dialektik geht in dieser Richtung weiter: sie unterwirft die bisherigen Ansichten Lockes und Wolffs, aber auch Galileis und Newtons u. a. über die Seins- und Denkformen ihrer doppelten Historisierung. Dabei schwindet nicht die Gültigkeit und Bedeutung der ahistorischen Strukturen, sie gelangen aber in neue Zusammenhänge als untergeordnete Momente grundlegenderer Strukturen[45] der Selbstgestaltung. Das ist der Boden, auf dem auch im Rahmen der neuen dialektisch-materialistischen Denkweise, die begreiflicherweise nicht nur und nicht hauptsächlich dem „materialistischen Lesen" Hegels, sondern tiefergehenden objektiven Erfordernissen der gesellschaftlichen Entwicklung — einschließlich der Entwicklung der experimentellen und theoretischen Naturwissenschaft — entspringt, die Unterscheidung zwischen verständigem und dialektisch vernünftigem Denken sinnvoll ist.

4.

Versuchen wir anhand wenigstens eines Beispiels eingehender zu illustrieren, wie die vorgeschlagene Unterscheidung des verständigen und des dialektisch vernünftigen Denkens bei der Untersuchung neuer Probleme „arbeitet".

Es liegt bereits eine verhältnismäßig umfassende Literatur vor, die vom marxistisch-leninistischen Standpunkt aus die verschiedenen Belange des Werkes Gottlob Freges als einem der Hauptbegründer der modernen mathematischen Logik analysiert und würdigt.[46] Gestützt auf diese Literatur wollen wir hier die philosophisch-logische Konzeption Freges in die Perspektive der Frage nach der Beziehung zwischen der materialistischen Dialektik und der mathematischen Logik stellen.

Wenn wir die oben vorgeschlagene Begrifflichkeit akzeptieren,

[45] Den Begriff „Struktur" verwenden wir hier in sehr allgemeinem Sinn: alles, was in irgendeiner wie immer gearteten Weise Einheit des Vielen ist, hat Struktur.

[46] Vgl. die Arbeiten von V. B. Birjukov, K. Berka, L. Kreiser, G. Schenk, B. Dejkov u. a. Vgl. auch den Sammelband: Begriffsschrift, Jenaer Frege-Konferenz, Friedrich-Schiller-Universität Jena, Jena 1979.

können wir die philosophisch-logische Konzeption Freges als bedeutsame neue Entwicklungsetappe des verständigen Denkens ansehen, die in mancher Hinsicht eine progressive Kritik der früheren Formen des verständigen Denkens, z. B. der Lockeschen oder Wolffschen Art, darstellt. Die Konzeptionen Freges gehen allerdings nicht über die Grenzen des verständigen Denkens hinaus und bleiben seine besser entwickelten, modernen Formen. Das dialektische vernünftige Denken, sofern es in vollem Maße zeitgenössisch sein will, muß sich mit den neuen Formen des verständigen Denkens auseinandersetzen und seine Beziehung zu ihnen klären. Viele logisch-gnoseologische Konzeptionen Freges haben u. E. große Bedeutung für die Aufgabe, dem verständigen Moment der dialektisch-materialistischen Denkweise eine moderne, zeitentsprechendere Form zu geben, und deshalb auch für die Weiterentwicklung des dialektisch-materialistischen Rationalitätstyps.

Gegen die Charakterisierung der Konzeption Freges als neuer Entwicklungsstufe des verständigen Denkens könnten Einwände erhoben werden. Sind wir berechtigt, diese Charakteristik auf die Fregesche *funktionale* Auffassung der Natur des Urteils und auf seine Auffassung der logischen Folgerung zu beziehen? Bekanntlich war Friedrich Engels der Meinung, daß die im 17. Jahrhundert entstandene funktionale Mathematik der veränderlichen Größen im wesentlichen nichts anderes war, als die Anwendung der Dialektik auf mathematische Verhältnisse.[47]

Hinsichtlich der Fregeschen funktionalen Auffassung des Urteils (und des Begriffs sowie der Begründung der wahrhaften Erkenntnis durch den Beweis) muß man aber vor allem feststellen, daß Frege den Funktionsbegriff nicht nur auf die Stufe der logischen Verallgemeinerung erhebt, sondern ihn auch zugleich der Bewegung entkleidet, oder wenigstens diesen Funktionsbegriff mit einer vereinfachten, vereinseitigten Auffassung der Bewegung verknüpft. Frege verallgemeinert den Funktionsbegriff dadurch, daß er die Ansicht aufgibt, nur Zahlen könnten als Argumente und Werte der Funktionen dienen. Frege zufolge können alle Gegenstände ohne Ausnahme die Stelle von Argumenten und Werten der Funktionen ausfüllen.[48] Wesentlich für jede beliebige Funktion

[47] F. Engels, Anti-Dühring, in: MEW, Bd. 20, a. a. O., S. 125.
[48] Vgl. G. Frege, Funktion, Begriff, Bedeutung. Fünf logische Studien, Hrsg. v. G. Patzig, Göttingen 1966, S. 29 u. a.

ist die Ungesättigtheit, Ergänzungsbedürftigkeit. Im Zusammenhang damit kritisiert und beseitigt Frege den Begriff der *veränderlichen* Größe[49] und behauptet, daß die Symbole, die in der Mathematik und Logik üblicherweise „Veränderliche“ genannt werden, nicht die Veränderlichkeit, sondern die Allgemeinheit ausdrücken; genauer gesagt, daß diese Symbole die Allgemeinheit andeuten. Damit hängt bei Frege die Forderung zusammen, daß sowohl die Funktionen (also Begriffe und Beziehungen) als auch das, was als Argument der Funktion dienen kann (also jeder beliebige Gegenstand) scharf und endgültig begrenzt sein sollen.[50] Dies wird zur Vorbedingung der logischen Brauchbarkeit erklärt. Als „scharf begrenzt“ sieht Frege eigentlich nur dasjenige an, womit man im Rahmen der gegebenen logischen Regeln, wie sie in der *Begriffsschrift*, bzw. mit kleinen Ergänzungen in den *Grundgesetzen der Arithmetik* formuliert sind, arbeiten kann. Das Kriterium der logischen Brauchbarkeit entspricht hier den Erfordernissen der angeblich rein logischen („logizistischen“) Ableitung der Arithmetik der ganzen Zahlen und wird ihnen stillschweigend untergeordnet.

Überhaupt wird die Veränderung in den Arbeiten Freges als etwas Abgeleitetes, Sekundäres aufgefaßt, als bedingt durch etwas Primäres, Ursprünglicheres, nämlich durch das beharrende Sein.[51]

Zusammenfassend kann man zu diesem Punkte also sagen, daß die Fregesche funktionale Auffassung des Urteils sich wesentlich im Rahmen eines Denkens bewegt, das dem Prinzip der abstrakten Identität untergeordnet ist, und die spezifische logische Verall-

[49] Ebenda, S. 83. — Vgl. auch: G. Frege, Nachgelassene Schriften I.' Hamburg 1969, S. 257. — Ähnlich bei: B. Bolzano, Wissenschaftslehre, Sulzbach 1837, S. 314. — Hegel drückt — allerdings aus anderen Gründen — eine kritische Ansicht über den vagen Charakter des Terminus „veränderliche Größe“ in der WdL I., S. 252—253, 282 u. a. aus.

[50] Vgl. G. Frege, Grundgesetze der Arithmetik, Bd. II., Jena 1903, S. 71: „Um so mehr muß betont werden: begriffsähnliche Bildungen, die noch nicht endgültige und scharfe Grenzen erhalten haben, kann die Logik nicht als Begriffe anerkennen.“

[51] Vgl. G. Frege, Nachgelassene Schriften I., a. a. O., S. 174: „Die Veränderung setzt immer ein Beharrendes voraus, an dem sie geschieht.“ — Eine ähnliche Meinung kann man auch im § 183 der großen Wissenschaftslehre von Bolzano finden.

gemeinerung des Funktionsbegriffs eine neue Entwicklungsstufe des verständigen Denkens darstellt.

Wie steht es in dieser Hinsicht mit der Fregeschen Auffassung der logischen Ableitung?

Bekanntlich hat Frege auf diesem Gebiet eine neue Etappe der Entwicklung der mathematischen Logik dadurch eingeleitet, daß er in seiner *Begriffsschrift* den auf die materiale Implikation und Negation gegründeten Aussagenkalkül systematisch darlegte. Eine bedeutsame Vervollkommnung der axiomatischen Methode des Beweises ist bei Frege mit der rein extensiven Deutung der Logik verknüpft. Dies bedeutet u. a., daß Frege die Zurückführung der Beziehung der logischen Folgerung [52] auf die durch die materiale Implikation ausgedrückte Beziehung im wesentlichen für möglich hielt.[53]

Ohne auf Einzelheiten einzugehen, können wir unter Berufung auf die oben angeführten marxistischen Arbeiten sagen, daß Frege auch in diesem Bereich der logischen Problematik in den Grenzen des verständigen Denkens bleibt, das er allerdings auf ein neues Entwicklungsniveau hebt und es zugleich verabsolutiert. Er bleibt auf dem Standpunkt der metaphysischen Denkweise stehen.

Das Wesentliche, das den philosophisch-logischen Ansichten Freges den Stempel des verständigen Denkens, und mehr noch des verabsolutierten verständigen Denkens aufprägt, ist die scharfe Trennung und unvermittelte Gegenüberstellung des Logischen und des Historischen.[54]

Frege schildert in dunklen Farben die drohende Gefahr der Historisierung des Logischen.[55] Er kann sich allerdings die Historisierung des Logischen auch nicht anders vorstellen als in der Gestalt eines logischen Psychologismus und Relativismus. Er unterscheidet nicht nur, sondern trennt scharf und absolut „das rastlose Fließen unserer wirklichen Gedankenbewegung“ und den

[52] Terminologisch ist hier für uns „die logische Ableitung“ ein Synonym der „logischen Folgerung“.

[53] Darüber handelt ausführlicher die Abhandlung von B. V. Birjukov, Die Sinntheorie Gottlob Freges, in: Primenenije logiki v nauke i technike, Moskau 1960, S. 546–548.

[54] Neben anderen unvermittelten Gegenüberstellungen, wie z. B. der des Subjektiven und Objektiven.

[55] Vgl. G. Frege, Nachgelassene Schriften I., a. a. O., S. 159 u. a.; ders., Grundgesetze der Arithmetik, Bd. I., Jena 1893, S. XVI u. a.

logischen Gedankenzusammenhang. Wenn er — sehr selten — von der Idee der Entwicklung[56] und von der „geschichtlichen Betrachtungsweise" spricht, erkennt er diese als berechtigt in gewissen Grenzen und für gewisse Erkenntnisaufgaben an, fordert aber ihre völlige Beseitigung aus dem Gebiet der Logik und der logischen Ableitung. Denn — so behauptet Frege — es handelt sich in der Logik nicht um das Werden, sondern um das beständige Sein. Doch schon Hegel begriff, daß, wenn es in der Logik um Wahrheit geht, sie sich unmöglich nicht mit dem Werden beschäftigen kann. Also: das Logische muß historisiert werden.

Vom philosophischen Standpunkt aus sei bemerkt, daß Frege als Begründer der gegenwärtigen Etappe der mathematischen Logik sozusagen „philosophischer" als seine Nachfolger im 20. Jahrhundert ist. Er geht ausdrücklich von den philosophisch-logischen Betrachtungen Kants am Beginn der deutschen klassischen bürgerlichen Philosophie aus. Der ganze Inhalt der *Grundlagen der Arithmetik* Freges ist vom fortwährenden kritischen Nachdenken über die Kantsche Unterscheidung der analytischen und synthetischen Urteile durchdrungen. Frege reduziert niemals die Probleme des logischen Folgerns auf die Probleme der bloß syntaktischen Zusammenhänge zwischen den Zeichen, und er vergaß niemals, daß die Logik sich mit den Gedanken beschäftigt (das aktuelle wahrhafte Denken begriff er als „Fassen der Gedanken"). Und vor allem: Frege stellt fast alle Fragen der Natur der logischen Ableitung — bevor er sie einengt und auf den Kalkül zurückführt, der mit der materialen Implikation und Negation, mit der Regel der Substitution und Abtrennung auskommt[57] — im gnoseologischen Kontext des Problems des *wahrhaften* Denkens. Das Problem der Wahrheit wird nicht aus der Logik verbannt, sondern gerade umgekehrt, es ist für Frege das Wesentlichste in der Logik.[58] Das Pathos des Strebens nach der objektiv wahren Erkenntnis inspiriert alle seine logischen Arbeiten.

An die Hegelschen logischen Auffassungen kritisch anknüpfend

[56] Vgl. G. Frege, Nachgelassene Schriften I., a. a. O., S. 4.

[57] Vgl. G. Frege, Grundlagen der Arithmetik, Breslau 1884, S. 103: „Sie (die Begriffsschrift — J. Z.) soll größere Kürze und Übersichtlichkeit des Ausdrucks erzielen und sich in wenigen festen Formen nach Art einer Rechnung bewegen, so daß kein Übergang gestattet wird, der nicht den ein für alle Mal aufgestellten Regeln gemäß ist."

[58] Vgl. G. Frege, Nachgelassene Schriften I., a. a. O., S. 137 u. a.

bestreitet der dialektisch-materialistische Rationalitätstyp nicht die Berechtigung und den Erkenntniswert der verständigen logischen Ableitung, die axiomatisch kalkülmäßige Ableitung inbegriffen, ordnet sie aber in den weiteren Kontext der dialektisch-logischen Problematik ein, die in der Einheit des Logischen und Historischen begründet ist. Die verständige logische Ableitung ist nicht die einzige Art der logischen Ableitung, weil es eine fundamentalere Art gibt, die strukturell-genetische, dialektisch-logische Ableitung.

Wenn Frege meint, daß es ihm gelungen ist, „einen Kreis von Schlußweisen abzugrenzen, der für alle Fälle genügt"[59], so verfällt er einem Irrtum, da er die Notwendigkeit der logischen Formen der strukturell-genetischen Ableitung für die wahrhafte Erkenntnis der Gegenstände in ihrer Selbstentwicklung nicht sieht. Andererseits hat aber Frege in gewissem Sinne recht, wenn er die Allgemeingültigkeit der verständigen Weisen der logischen Ableitung behauptet. Die Möglichkeit der Überführung jeglichen Inhalts in verständige Formen wurde schon von Hegel vorausgesehen. Diese Möglichkeit und — in vielen Fällen — die Nützlichkeit[60] der Überführung der Gegenstände des Denkens in die verständigen Formen wird nicht selten mit der Mathematisierung und/oder der Formalisierung des gegenwärtigen wissenschaftlichen Denkens identifiziert. Es scheint aber angebracht zu sein, zwischen der Mathematisierung, der Formalisierung und der abstrahierenden Überführung der Denkinhalte in verständige Formen, d. h. in „Forminhalte" des dem Prinzip der abstrakten Identität untergeordneten Denkens, zu unterscheiden. Dies sind u. E. drei verschiedene Prozeduren, obgleich sie sehr nahe nebeneinander liegen und oft miteinander verbunden sind.

Der Hauptgrund, aus dem es Hegel auf dem Standpunkt der *idealistischen* Dialektik möglich erschien, sich mit den Anfängen der mathematischen Logik in herablassenden Pauschalverurteilungen „auseinanderzusetzen", die durchaus vergessen, was Hegel

59 G. Frege, Die Grundlagen der Arithmetik, Breslau 1884, S. 103. — Wenn Hegel die Dialektik des „Anfangs" diskutiert, kritisiert er implicite den unkritischen Charakter der Verabsolutierung der axiomatischen Methode.

60 Als Kriterium der Nützlichkeit kann die Frage dienen, inwieweit die Überführung in die verständigen Formen zur objektiv wahrhaften Erkenntnis des jeweiligen Gegenstandes beiträgt.

selbst anderswo betonte, daß der Verstand ein notwendiges, aber untergeordnetes Moment der Vernunft ist, hängt wesentlich mit der Mystifizierung zusammen, deren Struktur wir in diesem Kapitel analysierten. Vom Standpunkt der absolut idealistischen Dialektik gehört das „durch abgesonderte Sätze fortschreitende Schließen“[61] nicht in die „wissenschaftliche“ Logik, da ein solches Schließen nach Hegel „nichts als eine subjektive Form“[62] ist und als solche nicht in die „wissenschaftliche“ Logik gehört, die sich mit den Denkformen befaßt, sofern sie zugleich Formen des objektiven Seins sind. Für die *materialistische* Dialektik ist und bleibt die logische Form des Schließens eine subjektive Form in dem Sinne, daß die grundlegenden Schichten der außergedanklichen Wirklichkeit in ihrer objektiven Struktur der beweglichen Einheit des Allgemeinen und Besonderen dem Denken gegenüber primär und (aktuell oder potentiell) unabhängig sind.[63] Das bringt jedoch keineswegs notgedrungen die Nichtobjektivität („die bloße Subjektivität“) eines derart im Sinne der Widerspiegelungstheorie aufgefaßten wahrhaften Denkens mit sich. Begreiflicherweise ist auch die Rolle des sprachlichen Ausdruckes des Denkens und seine Relevanz für die philosophisch-logische Problematik in der materialistischen Dialektik unterschiedlich. Während für Hegel die Analyse der damit zusammenhängenden Probleme nicht in die „wissenschaftliche“ Logik gehört, hat in der materialistischen Dialektik die Frage, welche untergeordnete, aber notwendige Rolle das „durch abgesonderte Sätze fortschreitende Schließen“ (in der zeitgenössischen technischen Applikation: die kybernetische Technik der sogenannten künstlichen Intelligenz) im Prozeß und in der Methodologie des wahrhaften Denkens spielt, durchaus Heimatrecht.

Im folgenden Kapitel werden wir die Untersuchung dieser Fragen fortsetzen, indem Bolzanos Hegelkritik unter dialektisch-materialistischem Blickwinkel analysiert wird.

[61] G. W. F. Hegel, WdL II., S. 314.
[62] Ebenda.
[63] Sie sind in diesem Sinn für das Denken und damit für alle Denkformen einschließlich der Formen des Schließens „das Vorgefundene“.

VIERTES KAPITEL

Bolzanos Hegelkritik in dialektisch-materialistischer Sicht

Die an vielen Stellen seiner großen *Wissenschaftslehre* vorgebrachte ausdrückliche Kritik Bolzanos an der dialektischen Logik Hegels[1] wollen wir hier als Ausgangspunkt unserer Erörterungen nehmen. Das Interesse wird vor allem denjenigen Aspekten der Beziehung zwischen Hegels und Bolzanos Logik gelten, die für die weitere Bearbeitung der logischen und erkenntnistheoretischen Problematik des aufkommenden neuen historischen Typs der Rationalität, dessen Kernstück die materialistische Dialektik ist, irgendwie belangvoll sein können.

1.

An mehreren Stellen äußert sich Bolzano dahingehend, er verstehe Hegel ebensowenig wie Fichte und Schelling[2] und er könne daher nicht mit voller Überzeugung und Begründung behaupten, daß sich die nachkantische Spekulation und mit ihr auch Hegel irre.

Größtenteils ist aber das kritische Urteil Bolzanos über die

[1] In der ursprünglichen Ausgabe der Wissenschaftslehre von 1837 befaßt sich Bolzano ausdrücklich mit Hegel im 1. Bd. auf S. 16, 31, 33, 38, 49, 67, 90, 105, 106, 142, 171, 211, 264, 282, 423, 461, 488; im 2. Bd. auf S. 66, 305, 366; im 3. Bd. auf S. 6, 36, 75; im 4. Bd. auf S. 20, 183, 186, 190, 290, 347, 348, 391, 589, 641, 647—656.

[2] Vgl. B. Bolzano, Wissenschaftslehre, Sulzbach 1837 (im folgenden: WL), Bd. 1, S. 33 (§ 7): „Ich glaube also zwar, daß Fichte Unrecht habe; ich glaube auch bei einigen seiner Behauptungen zu begreifen, was ihn zu solchem Irrtume verleitet haben mochte. Da ich dies aber nur bei den wenigsten vermag; ein anderer sehr beträchtlicher Teil seiner Äußerungen dagegen mir so befremdend klingt, daß ich fast zweifle, ob ich auch nur den rechten Sinn derselben verstehe: so fehlt noch viel, daß ich denjenigen Grad von Überzeugung von

logischen Konzeptionen Hegels durchaus eindeutig und scharf ablehnend. So wird im § 7 der *Wissenschaftslehre* das paraphrasierte Zitat aus Hegels *Wissenschaft der Logik*, wonach die Logik „als reine Wissenschaft zu fassen sei, welche die Befreiung von dem Gegensatze des Bewußtseins voraussetzt, und den Gedanken enthält, so ferne er eben so sehr die Sache, und die Sache, so ferne sie eben so sehr der reine Gedanke ist", von Bolzano folgendermaßen kommentiert: „Ich gestehe, daß es mir nie gelungen, in dieser Erklärung einen vernünftigen Sinn zu entdecken. Denn der Gedanke einer Sache, und sie, die Sache selbst, welche durch diesen Gedanken gedacht wird, sind meines Erachtens immer verschieden; sogar in dem Falle noch, wenn die Sache, worüber wir denken, selbst ein Gedanke ist. Denn auch hier ist ja noch der Gedanke von meinem Gedanken nicht eben derselbe, sondern ein anderer Gedanke."[3] Ähnlich bewertet Bolzano im vierten Band der *Wissenschaftslehre* (§ 394) das Postulat Hegels von der Befreiung der wissenschaftlichen Auffassung von dem Gegensatz des Bewußtseins wie folgt: „Ich gestehe unverhohlen, daß mir die hier geforderte Befreiung von dem Gegensatze des Bewußtseins, diese Aufhebung des Unterschiedes zwischen der Vorstellung und ihrem Gegenstande zu einer echten Wissenschaft so wenig erforderlich scheine, daß ich vielmehr glaube, durch sie würde alles vernünftige Denken vernichtet."[4]

Hegels Ansicht, die Logik solle nicht nur die Denkgesetze, sondern auch die Seinsgesetze behandeln, hält Bolzano für eine „Verwirrung", die durch einseitige Übertreibung der richtigen Ansicht entstehe, daß die Logik nicht nur bei den Denkgesetzen stehenbleiben, sondern „zu den Sätzen und Wahrheiten an sich" weitergehen solle.[5]

der Unrichtigkeit dieses Systems hätte, welcher mir selbst nichts mehr zu wünschen übrig ließe. Ein ähnliches Geständnis muß ich zur Steuer der Wahrheit auch in bezug auf Schelling, Hegel und andere in ähnlicher Weise philosophierende Schriftsteller ... ablegen."

[3] WL, Bd. 1, S. 31. — Die von Bolzano angezogene Hegel-Stelle findet sich in: G. W. F. Hegel, WdL I., S. 30.

[4] WL, Bd. 4, S. 20. — Im Bd. 4, § 697 beschließt Bolzano seine Kritik an Hegel mit der pathetischen Aufforderung: „Deutsche! Wann werdet ihr von einer Verirrung, welche euch euren Nachbarn nur ungenießbar und lächerlich macht, endlich zurückkehren?"

[5] WL, Bd. 1, S. 67f.

Bolzano kommentiert den in der *Heidelberger Enzyklopädie* im § 115 ausgedrückten Urteilsbegriff Hegels[6] derart: „Ich schmeichle mir nicht, ganz zu verstehen, was Hegel sich bei allen einzelnen Worten dieser höchst sonderbaren Erklärung vorgestellt habe. Offenbar ist es, daß er hier nicht einen Satz an sich, sondern das Urteil als Handlung des Geistes erkläre; ingleichen, daß er das Urteil als Art von Begriff, als einen in gewisse Teile zerlegten Begriff betrachte; was meiner schon oben geäußerten Meinung nach unrichtig ist.“[7]

Bolzano diskutiert eigentlich Hegels Lehre vom Widerspruch nirgendwo auf einer ihr entsprechenden Abstraktionsebene[8] und tut sie mit der billigen Bemerkung ab, daß Hegel „sich Widersprüche erdichtete, wo in der Wirklichkeit keine vorhanden sind“[9].

Einen paradoxen Hinweis auf Hegel finden wir im § 61 der *Wissenschaftslehre*, wo Bolzano nachweisen will, daß völlig einfache, nicht weiter teilbare Vorstellungen existieren. Bolzano präsentiert hier Hegel als Verfechter eines fixen Gegensatzes zwischen dem Einfachen und dem Zusammengesetzten. Unter diesem Aspekt und unter dieser Voraussetzung verweist er dann weiter im § 65 auf die vermeintliche Inkonsistenz in Hegels Kritik der Ansicht von der Zusammengesetztheit der Begriffe.[10]

Von der Klassifikation der Urteile bei Hegel hat Bolzano keine hohe Meinung. Kants Urteilstafel werde von Hegel unter anderen Überschriften nur wiederholt. „Über die eigentliche Natur dieser Urteile erfährt man nichts deutlich Gedachtes.“[11]

Bolzano verurteilt dann Hegels dialektische Methode am Schluß der *Wissenschaftslehre* wie folgt: „Jedoch es muß Jedem, der Hegels Schriften gelesen hat, bekannt sein, daß diesem Welt-

[6] Vgl. G. W. F. Hegel, Werke, Bd. 6, § 115: „Das Urteil ist der Begriff in seiner Besonderheit, als unterscheidende Beziehung seiner Momente, die zugleich als fürsichseiende und mit sich identische gesetzt sind, somit als Einzelnes und Allgemeines gegeneinander treten.“

[7] WL, Bd. 1, S. 106.

[8] Dessenungeachtet führt § 45 des ersten Bandes der WL einige grundsätzliche Gedanken Hegels in diesem Bereich an, die als Ausgangspunkt für eine prinzipielle Diskussion dienen könnten.

[9] WL, Bd. 1, S. 212.

[10] WL, Bd. 1, S. 262.

[11] WL, Bd. 1, S. 282.

weisen die Sprache nicht mehr als ein bloßes Nebelgebilde gewesen, durch welches seine Gedanken, in unbestimmten Umrissen durchschimmernd, mehr nur erraten, als erkannt sein wollten; daß er die Freiheit sich herausgenommen habe, die wichtigsten und bestimmtesten Worte und Redensarten der deutschen Sprache in einer neuen Bedeutung zu nehmen, ohne der Pflicht zu gedenken, sich über diese neue Bedeutung derselben mit seinen Lesern je eigens zu verständigen ... Ich kann nicht glauben, daß die Wissenschaft durch eine solche Methode gewonnen habe, als nur insofern, wiefern auch jede Verirrung zur Warnung und zur Belehrung angewendet werden kann und soll."[12]

Diese Hinweise auf die ausdrückliche Kritik Bolzanos an der Logik Hegels könnten durch die Anführung ähnlicher Stellen in der Korrespondenz Bolzanos noch sehr erweitert werden.[13]

2.

In sechs Bemerkungen möchten wir jetzt die Bolzanosche Kritik der Hegelschen Logik vom angegebenen Standpunkt aus kommentieren.

(1) Offenbar kann man nicht einfach sagen, Bolzano habe sich in der Kritik Hegels total geirrt. Bolzanos Kritik der Dialektik Hegels ist in mancher Hinsicht berechtigt. Und dies überall dort, wo Bolzano eine absolut idealistische Identität von Denken und Sein ablehnt und Hegel gegenüber den dauernden Unterschied zwischen der außergedanklichen realen Sphäre und dem Denkprozeß mit seiner semantischen Sphäre betont. Insoweit verläuft Bolzanos Kritik zu der dialektisch-materialistischen Kritik an Hegel duronaus parallel.

(2) Bolzanos Kritik der Hegelschen Logik verfehlt aber größtenteils schon deshalb ihr Ziel, weil sie voraussetzt, daß die Aussage-Hegels über die logischen Formen sich auf den gleichen Bedeutungsrahmen beziehen wie die einschlägigen Aussagen der tra-

[12] WL, Bd. 4, § 718, S. 651f.

[13] Einige Belege zitiert Helmut Metzler: Bemerkungen über das Verhältnis B. P. J. Bolzanos zu F. W. J. Schelling, in: Wissenschaftliche Zeitschrift der Friedrich-Schiller-Universität Jena, Gesellschaftsw. u. Sprachw. Rh., 25 Jg. (1976), H. 1. — Vgl. auch: Bernard Bolzano 1781—1848. Studien und Quellen, Hrsg. v. W. Schuffenhauer, Berlin 1981.

ditionellen Logik. Bolzano setzt voraus, daß der Gegenstand auch der Hegelschen Logik das menschliche Denken ist, das der außergedanklichen, vom Denken nicht geschaffenen und im Verhältnis zum menschlichen Denken primären Realität unmittelbar gegenübersteht. In Wirklichkeit setzt alles, was Hegel in der Logik darstellt, gerade das Aufgeben des „Standpunktes des Bewußtseins", also die Aufgabe jener Ansicht voraus, daß die Logik es mit einem Denken zu tun hat, das der außergedanklichen Realität nur gegenübersteht. Im § 35 der *Heidelberger Enzyklopädie* drückt Hegel diese grundsätzliche und allumfassende Voraussetzung der gesamten spekulativ dialektischen Logik sehr energisch aus: Um sich auf den Standpunkt der Wissenschaft (d. h. der „Wissenschaft" in Hegels Auffassung) zu stellen, ist es erforderlich, die Voraussetzung eines gegebenen, vorgestellten, schon fertigen Substrats aufzugeben, das Maßstab dafür sein soll, ob die Gedankenbestimmungen ihm angemessen sind oder nicht.

Da Bolzano sehr oft beim Anführen der einzelnen Aussagen aus Hegels *Wissenschaft der Logik* diese grundsätzliche und allumfassende Voraussetzung vergißt, ist seine Polemik sehr oft eine Spiegelfechterei. Er widerlegt etwas, was Hegel nicht gemeint hat. So z. B. zieht Bolzano in der Polemik gegen die Schlußtheorie aus dem dritten Teil der *Wissenschaft der Logik* Hegels ausdrückliche Verwahrung überhaupt nicht in Betracht, es handle sich nicht um „das durch abgesonderte Sätze fortschreitende Schließen"[14], dieses gehöre nicht in die spekulative Logik u. a.

Diese Bemerkung, mit der wir die Grundkonstruktion der Kritik an Hegels Logik in der *Wissenschaftslehre* Bolzanos in Zweifel ziehen, bestimmt und begründet allerdings noch nicht, was das Wertvolle in der Logik Hegels ist, das Bolzano nicht begriff. Um diese Frage zu beantworten, müssen wir unsere Aufmerksamkeit zunächst auf den Unterschied in der Genesis und dann insbesondere auf den Unterschied in den grundlegenden philosophischen (logisch-ontologischen) Voraussetzungen der Logik Bolzanos und Hegels richten.

(3) Obwohl die beiden diskutierten Konzeptionen der Logik — die Hegels und die Bolzanos — als Ziel der Logik die Klarstellung des Begriffs der Wissenschaft und der wissenschaftlichen Methode ansehen[15] und obwohl beide in der Kritik Kants

[14] G. W. F. Hegel, WdL II., S. 314.

[15] In einer der wenigen unpolemischen Erwähnungen Hegels in

entstehen, ist schon auf den ersten Blick ein wesentlicher Unterschied in ihrer theoretischen Genesis erkennbar.

Bolzanos *Wissenschaftslehre* entstand aus Erwägungen über die Unzulänglichkeiten der Euklidischen Methode und aus dem Streben, ein festes logisches Fundament für die Lösung moralischer Probleme im Rahmen eines christlichen nonkonformen Theismus zu finden.[16] Hierbei besteht für Bolzano die zweifelsfreie und eigentlich ungeprüfte Voraussetzung darin, daß die axiomatische Methode des Euklidischen Typs die absolute wissenschaftliche Methode ist und bleibt. Auch in der *Wissenschaftslehre* vertritt Bolzano in dieser Frage eine Ansicht, die er bereits in der frühen Arbeit *Beiträge zu einer begründeteren Darstellung der Mathematik* aus dem Jahre 1810 wie folgt zum Ausdruck brachte: „Von jeher hat man die Methode, deren die Mathematiker sich im Vortrage ihrer Wissenschaft bedienen, ihrer hohen Vollkommenheit wegen gespriesen, und bis auf Kants Zeiten auch geglaubt, daß sich das Wesentliche derselben auf jeden wissenschaftlichen Gegenstand anwenden lasse. Dieser Meinung bin ich, für meine Person, noch jetzo zugetan, und halte fest dafür, die so genannte methodus mathematica sei ihrem Wesen nach von jedem wissenschaftlichen Vortrage überhaupt nicht im geringsten unterschieden."[17]

Für Hegel handelte es sich hingegen von Anfang an und wesentlich um das Verständnis und um die Begründung der Unterordnung der axiomatischen Methode (und auch der analytischen Methode des von ihm sogenannten „endlichen" Erkennens) unter eine übergreifende logisch-historische Methode, unter die Methode des entwicklungsmäßigen Denkens.

Diese grundlegende Intention der Hegelschen Logik hat Bolzano nicht verstanden.

Hegels Logik ergibt sich aus der Kritik der Unzulänglichkeiten der Kantschen Deduktion der Verstandesbegriffe, aus der gedanklichen Erarbeitung der latenten Voraussetzungen dieser Deduktion,

Bolzanos Wissenschaftslehre steht: „Auch Herr Hegel sagt, daß der Begriff der Wissenschaft und die wissenschaftliche Methode das letzte Resultat der Logik ausmachen." (WL, Bd. 1, S. 16.)

[16] Vgl. E. Winter, Religionsphilosophie und Logik bei B. Bolzano, in: Bolzano als Logiker, Wien 1974.

[17] Ebenda, S. 38. — Vgl. hierzu die Abhandlung von K. Berka, Bolzanova filozofie matematiky, in: Filozifický časopis ČSAV, Prag, 4/1980.

aus der Weiterführung des Kantschen Gedankens der ursprünglichen synthetischen Einheit der Apperzeption zur sogenannten absoluten Methode des spekulativen Denkens.[18] Sie ergibt sich aus der Erkenntnis, daß das ursprüngliche Vereinen des Mannigfaltigen (also der Prozeß des Sichselbstsetzens, des Sichselbstunterscheidens, des Sichselbsthervorbringens) die grundlegende Seinsart ist, ursprünglicher als die Existenz fixer abgesonderter Entitäten, als die Beziehung „Einfach — Mannigfaltig" im Rahmen der Mengenontologie fixer Entitäten.

Hierbei handelte es sich für Hegel stets — ebenso wie später für Bolzano — um die Sicherung der Objektivität des Denkens. Beide Denker sind mit der Kantschen Lösung der Grundfragen der Logik und der Erkenntnistheorie unzufrieden, weil sie zum Skeptizismus und Subjektivismus verleitet. Während aber Bolzano in der Frage der vorrangigen Wissenschaftlichkeit der mathematischen axiomatischen Methode auf die vorkantische Metaphysik (Wolff u. a.) zurückgreift, geht Hegel von Kant vorwärts und sucht eine neue Sicherung der Objektivität des Denkens in den Formen eines entwicklungsmäßigen Denkens.

Bolzano vernachlässigt eigentlich Hegels Hauptargument in der Frage der Objektivität des Denkens völlig. Er diskutiert Hegels Ansicht gar nicht, daß die mathematische axiomatische Methode (im Verein mit ihrer Schwester, der analytischen Methode des sogenannten „endlichen" Erkennens) zwar wichtig ist, zum objektiv wahrhaften Denken aber nicht ausreicht; und daß eine grundlegende, allseitige Objektivität des Denkens nur auf dem Boden des entwicklungsmäßigen Denkens möglich ist.

Den Begriff des entwicklungsmäßigen Denkens (oder des Entwicklungsdenkens) gebrauchen wir hier in dem Sinne, wie oben[19] angedeutet. Es handelt sich um eine Denkweise, die in der Auffassung von Seins-, Praxis- und Denkformen konsequent und möglichst allseitig den Standpunkt der Entwicklung zur Geltung bringt, also alle Denkbestimmungen als nähere Bestimmungen eines Werdens auffaßt. In diesem Sinne ist für Hegel in der *Wissenschaft der Logik* das „Werden" die „erste Wahrheit", die

[18] Und aus der Verbindung dieses Motivs mit weiteren, die aus verallgemeinernden Erwägungen über Fragen der Moralität, der menschlichen Geschichte, der Seinsart der Naturorganismen u. a. entstehen.

[19] Vgl. 2. Kapitel, S. 29.

„ein für allemal zugrunde liege und das Element von allem Folgenden ausmacht".[20]

(4) Bolzanos fehlendes Verständnis für den Ansatz zu einer Logik des entwicklungsmäßigen Denkens bei Hegel mindert nicht den Wert jener logischen Entdeckungen Bolzanos, die die spätere Entwicklung der mathematischen Logik und der logischen Semantik antizipierten.

Unabhängig vom Verständnis oder Unverständnis der Logik des entwicklungsmäßigen Denkens bei Hegel behält z. B. Bolzanos Methode der Variation ihre bahnbrechende Bedeutung. Sie ist die Grundlage der wichtigsten logischen Entdeckungen Bolzanos und ermöglichte das Betreten neuer Wege bei der Analyse der inneren Zusammensetzung, des Wesens und der Formen der Aussagen und ebenso bei der Analyse solcher Beziehungen zwischen den Aussagen, wie es die Beziehung der Verträglichkeit, der Ableitbarkeit und der Abfolge ist.

Es ging damals um einen epochalen Schritt vorwärts in der Bearbeitung der Logik ahistorischer Strukturen und der entsprechenden Logik des ahistorischen (d. h. des nichtentwicklungsmäßigen) Denkens. Dieser epochale Schritt ist bei Bolzano verquickt mit Illusionen vom absoluten Charakter der Formen des ahistorischen Denkens, bzw. mit Illusionen vom logisch und ontologisch primären Charakter der nichtentwicklungsmäßigen Strukturen und der nichtentwicklungsmäßigen Denkformen. Wenn wir seine Bestimmungen der Illusionen vom absoluten Charakter der Formen des ahistorischen Denkens entkleiden, sind die logischen Entdeckungen Bolzanos in vollem Ausmaß auch für jenes Denken wichtig, das sich bewußt wird, daß die Formen des ahistorischen Denkens ein notwendiges, aber untergeordnetes Moment des entwicklungsmäßigen Denkens sind.[21]

(5) Betrachten wir nun eingehender den Unterschied in den philosophischen, logisch-ontologischen Voraussetzungen der Konzeption der Logik bei Bolzano und bei Hegel.

Philosophische Grundlage der gesamten logischen Konzeption Bolzanos ist die Ontologie des Atomismus im Rahmen des sogenannten „Systems des Theismus".[22] Die Ontologie des Atomismus

[20] G. W. F. Hegel, WdL I., S. 70.

[21] Diese Frage hängt mit der dialektisch-materialistischen kritischen Überarbeitung der Hegelschen Unterscheidung zwischen Verstand und Vernunft zusammen. Vgl. hierzu unser 3. Kapitel.

[22] WL, Bd. 4, S. 186.

— sie wird manchmal auch als Ontologie des Elementarismus bezeichnet — setzt voraus, daß in jedem Bereich irgendwelche Elemente dauernden, absolut einfachen Seins existieren, aus denen alles übrige besteht. Bolzano versteht die Beziehung des Einen und Vielen, des Einfachen und Zusammengesetzten nur als Beziehung fixer, abstrakter Gegensätze. Dieser Charakter der philosophischen Ansicht Bolzanos und seine Konsequenzen für den Aufbau der *Wissenschaftslehre* wurden in der bisherigen Literatur, z. B. in den Arbeiten von K. Berka,[23] H. Metzler u. a., zutreffend analysiert. Wir ergänzen hier diese Darstellung der ontologischen Basis der Logik Bolzanos durch den Hinweis auf die gewichtigen Folgen von Bolzanos „System des Theismus" für seine Konzeption der Logik und insbesondere für sein fehlendes Verständnis des rationalen Kernstücks der Hegelschen Logik — für den Keim der Logik des entwicklungsmäßigen Denkens.

Gehen wir von der Polemik Bolzanos mit Hegel im § 483 der *Wissenschaftslehre* aus. Hier befaßt sich Bolzano „mit dem Streben nach Einheit in dem Gebiete unserer Erkenntnisse" und verweist darauf, daß manche „sogenannte Identitätsphilosophen" diese Fragen „sehr falsch" beurteilten, wodurch „eine der gröbsten Verirrungen in der Philosophie" entstand.[24] „Die Lehre, an die ich hier vornehmlich denke", sagt Bolzano weiter, „und die ganz unverkennbar nur eine Folge ist eines allzuweit getriebenen Strebens nach Einheit, ist der Pantheismus, oder die Behauptung, daß Gott und die Welt beide nur ein Wesen seien, und daß die gemeine Vorstellung, welche die Welt als einen Inbegriff von Substanzen betrachtet, welche ihr Dasein nur durch die Wirksamkeit einer andern, nämlich der unendlichen Substanz (der Gottheit) haben, ein Irrtum wäre ..."[25] „Nach dem System des Pantheismus sollen Gott und die Welt beide aus einer gewissen Einheit, der man verschiedene Namen, z. B. den des Absoluten gibt, entspringen. Ist aber dies vernünftig? Ist es nicht ein Widerspruch zu sagen, daß etwas Absolutes, d. h. ein Wesen, dessen Sein in keinem Andern gegründet ist, welches somit als durchaus unabhängig in allen seinen Kräften und Eigenschaften unendlich oder doch nur durch sich selbst begrenzt sein sollte, gleichwohl

[23] Vgl. hierzu die Vorrede K. Berkas zur tschechischen Auswahlausgabe von Bolzanos großer Wissenschaftslehre, Prag 1981.
[24] WL, Bd. 4, S. 180.
[25] Ebenda, S. 183.

veränderlich sei, indem alle diejenigen Veränderungen, welche die endlichen Dinge in dieser Welt erfahren, in seinem eigenen Inneren vorgehen sollen? Gewiß ist es ungleich vernünftiger, oder es ist vielmehr das einzig Vernünftige, was sich hier sagen läßt, daß die Veränderungen, welche wir in der Welt wahrnehmen, nicht in der unbedingten Substanz, sondern in andern, bedingten Substanzen vorgehen, in Substanzen, welche ihr Dasein dem Willen und der Wirksamkeit der unbedingten Substanz verdanken."[26] In der Verteidigung des „Systems des Theismus" fährt dann Bolzano mit dem Hinweis auf die Schwierigkeiten fort, die den Pantheisten bei der Darstellung der Beziehung der endlichen Dinge und des Absoluten entstehen, und geht zu einem direkten Angriff gegen Hegel über: „Hegel insonderheit benützte zu dieser Erklärung die von ihm erfundene, dialektische Methode, indem er sagte, daß sich das Absolute (oder Gott) zuerst entäußere und in der Gestalt seines Andersseins als Natur erscheine, damit es so dann, durch Rückkehr zu sich selbst zu seinem Selbstbewußtsein gelange, d. i. zum Geiste werde. Ihm also waren alle endlichen Wesen nichts Anderes als ‚vorübergehende Momente in dem unendlichen Entwicklungsprozesse des göttlichen Lebens'. Lasset uns diese Erklärungen doch etwas näher betrachten! Wenn man die einzelnen, endlichen Dinge, die wir in dieser Welt gewahren, Teile des Einen Absoluten nennet: so muß man jene Dinge zu dem Innern des Absoluten rechnen und somit notwendig zugeben, daß dieses Absolute Veränderungen in seinem Inneren erfahre, so oft sich jene endlichen Dinge verändern; was gewiß ungereimt ist."[27]

Es liegt auf der Hand, daß Bolzano in diesem Streit um den philosophischen Hintergrund der Logik einen eindeutigen und kompromißlosen Standpunkt des Theismus einnimmt. Er ahnt nicht, daß nach der Demystifizierung dessen, was er Hegelschen „Pantheismus" nennt, der Streit die Form einer philosophischen Alternative annimmt, die für das logische Denken unserer Epoche bis heute relevant[28] geblieben ist: Ist die Welt ein Prozeß des Sichselbsthervorbringens, der eine „causa sui" ist und der demnach

[26] Ebenda, S. 185.
[27] Ebenda, S. 186.
[28] Diese philosophische Alternative ist begreiflicherweise auch für das weltanschauliche Denken in voller Breite, also auch für ästhetische und ethische, politische und pädagogische Einstellungen von Belang.

aus sich selbst heraus begriffen werden muß — oder hat das metaphysische „System des Theismus" Recht mit seinen Dualismen des Göttlichen und des Geschaffenen, des Absoluten und des Relativen, des Unbedingten und des Bedingten? Die Antwort bestimmt wesentlich die Lösung auch der weiteren Fragen, die für die philosophischen Grundlagen jeder logischen Theorie wichtig sind, wie es die Frage der Beziehung zwischen Einheit und Vielheit, Allgemeinem und Besonderem, Bewegung und Ruhe, zwischen Veränderlichem und Dauerndem, zwischen Schaffendem und Geschaffenem ist.

Gestützt auf die Ontologie des Atomismus im Rahmen seines „Systems des Theismus" begreift Bolzano die Beziehungen des Einen und Vielen, des Einfachen und Zusammengesetzten, des Absoluten und Relativen, des Unbedingten und Bedingten als fixe Gegensätze und überführt das Werden schließlich und endlich auf eine Abfolge von Ruhezuständen.[29] Er kennt die Unendlichkeit entweder nur als mathematische Unendlichkeit oder als Eigenschaft Gottes — des Schöpfers, dem gegenüber die Welt ein Komplex geschaffener endlicher Dinge ist. Der rationale Kern des Unendlichen bei Hegel, d. h. des Unbedingten, das unauflösbar mit dem Bedingten vereint ist und nicht anders als in einer untrennbaren Einheit mit dem Bedingten und durch Vermittlung des Bedingten existiert,[30] bleibt Bolzano unbegreiflich. Ebenso

[29] Vgl. WL, § 183. — Bolzanos überspannte Gegenüberstellung der „Sätze an sich" und „gedachten Sätze", der „Wahrheiten an sich" und „gedachten Wahrheiten", in der die gedachten Wahrheiten als „Erscheinung" der Wahrheiten an sich aufgefaßt werden, die „Stoff" der gedachten Wahrheiten sind, und das Reich der Wahrheiten an sich als unveränderlich, ohne raumzeitliche Existenz, ohne Entstehen und Untergehen angesehen wird, gehört zu den Ausdrucksweisen eines metaphysischen Gegensatzes des Logischen und Historischen. Bolzano trennt einerseits die Determination im Bereich der Sätze an sich scharf, dualistisch von der Determination im Bereich der wirklichen Dinge, reduziert andererseits die Determination im Bereich der gedachten Sätze auf eine raumzeitliche kausale Determination, die mit der Determination im Bereich der wirklichen Dinge identisch ist (WL, § 297 u. a.).

[30] Vgl. den Gedanken W. I. Lenins aus den Philosophischen Heften (LW, Bd. 38, a. a. O., S. 339): „Für die objektive Dialektik ist im Relativen Absolutes enthalten. Für den Subjektivismus und die Sophistik ist das Relative nur relativ und schließt das Absolute aus."

wie die grundlegende Absicht der Hegelschen *Logik*, die Logik des Werdens, die Logik des Prozesses des Sichselbsthervorbringens, darzustellen. Dieses ihr wertvolles Kernstück verschwindet nicht, wenn die spekulativ idealistische Hülle abgestreift wird — und mit ihr auch eine solche spekulativ idealistische „dialektische" Konstruktion, wie es z. B. die von Bolzano zitierte Ansicht von der Entäußerung der göttlichen Idee in die Natur und ihrer Rückkehr zu sich selbst ist.

Für die ganze logische Theorie Bolzanos hat insbesondere die undialektische Auffassung des Gegensatzes von „vermittelt — unvermittelt" weitreichende Konsequenzen. Bolzano unterscheidet nicht nur scharf und starr „Grundwahrheiten" und „Folgewahrheiten" als unvermittelte und vermittelte Wahrheiten im Sinne der alten Auffassung der Euklidischen Methode, sondern hält auch viele Wahrnehmungsurteile (z. B. viele Urteile der Form „Dies, was ich jetzt eben anschaue — ist — ein A"[31]) für unvermittelt und daher für stets wahr. Hegel hätte es leicht, nachzuweisen, wie jedes solches Wahrnehmungsurteil und sein semantischer Inhalt vielseitig vermittelt ist, ohne dabei aufzuhören, Ausdruck der unmittelbaren (aktuellen) Wahrnehmung zu sein. Es ist ein beeindruckendes Zeugnis der intellektuellen Redlichkeit Bolzanos, daß er an seinem Lebensende sich selbst einiger ernster schwacher Stellen in der Auffassung der Beziehung „Grund—Folge" in seiner *Wissenschaftslehre* (also eigentlich in den Grundlagen der ganzen Theorie von der Begründung und somit in den Grundlagen der ganzen *Wissenschaftslehre*) bewußt wurde, wie sein Schreiben an Zimmermann vom März 1848[32] nahe legt.

In der angeführten Polemik mit dem „Pantheismus" Hegels gelangt Bolzano ungewollt unmittelbar bis an die Schwelle der logischen Idee von der positiven Bedeutung des „Widerspruches" im begreifenden Denken, das die intellektuelle Aneignung der Welt ohne religiöse Illusionen erstrebt, d. h. der Welt als eines selbständigen und autarken Prozesses des Sichselbsthervorbringens. Bolzano sagt: „Ist es nicht ein Widerspruch zu sagen, daß etwas Absolutes, d. h. ein Wesen, dessen Sein in keinem Andern

[31] Vgl. WL, Bd. 3, § 300.

[32] Abgedruckt in: Eduard Winter, Leben und geistige Entwicklung des Sozialethikers und Mathematikers Bernard Bolzano 1781—1848, Halle 1949, S. 89f. (Hallische Monographien, Nr. 14.)

gegründet ist, ... gleichwohl veränderlich sei ...?"[33] Er meint dies als rhetorische Frage und verleiht dem „Widerspruch" die Bedeutung eines Symptoms der Unwahrheit. Wenn wir uns jedoch von religiösen Illusionen befreien und verallgemeinernde philosophische Urteile über den Charakter der Gesamtzusammenhänge der Welt auf die ganze bisherige Entwicklung von Wissenschaft und Praxis stützen, sind wir gezwungen, positiv zu behaupten, daß die Welt etwas Selbständiges und Autarkes ist, dessen Sein in nichts Anderem begründet ist, die zugleich veränderlich ist und nur als Prozeß von Veränderungen existiert. Wenn wir somit einen Widerspruch äußern, dann ist das Denken des Widerspruchs (d. h. der konkreten Identität, der Selbstbewegung, des Sichselbsthervorbringens) in diesem Fall notwendige Vorbedingung des wahrhaften Denkens und hat positive Bedeutung. Die Logik Hegels entstand u. a. aus ähnlichen, wenngleich pantheistisch mystifizierten Reflexionen und ebnete den Weg für das Begreifen des objektiv wahren Denkens. Bolzano übersieht dieses Wertvolle in der Logik Hegels.

Es ist auch festzustellen, daß Bolzano in den fachlichen mathematischen Untersuchungen, in denen es bedeutende wissenschaftliche Fortschritte erzielte, wie in den *Paradoxien des Unendlichen*, oft Denkformen anwendet, die nicht von seiner logischen Theorie erfaßt sind und nicht von ihr abgebildet werden können. Dies ist der Fall z. B. bereits in den grundlegenden Begriffen und Behauptungen der Theorie Bolzanos von der Beziehung der endlichen und unendlichen Mengen. Es genügt eine eingehendere Betrachtung der logischen Struktur der Erwägungen Bolzanos in diesem Bereich, um zu erkennen, daß Bolzano auf Schritt und Tritt eine unlösbare Verknüpfung des Endlichen und Unendlichen voraussetzt und eigentlich behauptet. Wenn wir auf seine Fassung des logischen Charakters dieser Erwägungen die eigene Lehre Bolzanos von den einfachen und zusammengesetzten Vorstellungen aus der *Wissenschaftslehre* anwenden würden, so müßten wir sagen: da die Vorstellung des Unendlichen ohne die Vorstellung des Endlichen undenkbar ist, ist demnach die eine (entgegengesetzte) Vorstellung Bestandteil der anderen (entgegengesetzten).

(6) Bolzano erblickte das Vorbild der Wissenschaftlichkeit in der Mathematik. Das heißt nicht, daß er die Logik der Mathematik unterordnete, wie de Morgan, Boole u. a. Eher kann man sagen, daß er eine derart vereinfachte Ontologie und logische

[33] WL, Bd. 4, S. 185.

Semantik konstruierte, daß sie den Erfordernissen der Vervollkommnung der mathematischen Methode Euklidischen Typs entsprach, die — nach den Vorstellungen Bolzanos — zugleich berufen ist, die wahre und ausschließliche Methode der gesamten reifen Wissenschaft zu sein. Bolzano vereinfacht übertrieben die ontologischen und semantischen Grundlagen der Logik in dem Streben, sie der Konzeption von einer universellen Verwertbarkeit der mathematischen Methode und den Erfordernissen einer „axiomatischen" Begründung der christlichen theistischen Moralität anzupassen.[34] Andererseits bereichert er auf einer so vereinfachten ontologischen und semantischen Basis wesentlich die zeitgenössische formallogische Theorie von der inneren Struktur der Urteile (und demnach von den Urteilsformen) und von den Beziehungen zwischen den Urteilen.

Wenn Bolzano strikt reduziert, oder doch vermutet, man könne alle Formen der Prädikation auf die Grundform „A hat die Beschaffenheit b" reduzieren, die er für „deutlicher und richtiger" hält als alle übrigen, dann ist darin die Voraussetzung des enthistorisierten Begriffs von „Etwas", bzw. der enthistorisierten Struktur „Ding—Eigenschaft—Beziehung" enthalten. Hegel würde hierzu sagen, daß Bolzano jene Form des Bewußtseins, die die Lockesche Gnoseologie philosophisch ausdrückt, als grundlegend und absolut ansieht, ihre lediglich relative Berechtigung neben anderen, sogar grundlegenderen, das Geschehen und Werden ausdrückenden, nicht sieht. Die Lockesche Gnoseologie und Ontologie bildet den Hintergrund nicht nur der Logik Bolzanos, sondern auch der fast gleichzeitigen Logik von J. St. Mill. Ungeachtet der äußeren Polarität und Fremdheit — Bolzanos *Wissenschaftslehre* als einseitig deduktive, die von Mill als einseitig induktive Logik — sind diese beiden Logiken im wesentlichen komplementär und gehören wissenschaftsgeschichtlich zueinander.[35]

Die spätere Entwicklung der Mathematik und der mathematischen Logik hat die übertriebenen Anforderungen an die axio-

[34] Den Unterschied zwischen dem dialektisch-materialistischen Begriff von Rationalität und Moralität und dem diesbezüglichen Begriff Bolzanos behandelt unser Aufsatz: Rationalität und Moralität, in: Deutsche Zeitschrift für Philosophie, Berlin, 12/1978.

[35] Hegels Erörterung zweier Grundformen des „endlichen" Erkennens in der „Wissenschaft der Logik" (WdL II., S. 439f.) enthält eine in manchen Punkten treffende Charakteristik der Zusammengehörigkeit dieser beiden Richtungen der logischen Untersuchung.

matische Methode — auch in ihrer nicht nur von Bolzano, sondern später von Frege, Russell, Hilbert u. a. vervollkommneten Form — berichtigt. Nachweislich reicht sie nicht einmal zur völligen Erfassung der Arithmetik der natürlichen Zahlen, geschweige denn für manche andere kompliziertere Aufgaben aus. Damit soll nicht gesagt sein, daß das Streben nach Vervollkommnung der axiomatischen Methode in den letzten zwei Jahrhunderten geringe wissenschaftliche Bedeutung gehabt hätte — schon der Aufschwung der Computertechnik spricht für das Gegenteil. Aber die Hoffnungen, die Bolzano in die Vervollkommnung der axiomatischen Methode als der vermeintlich einzigen und universellen wissenschaftlichen Methode und demnach als Hauptgegenstand der Logik setzte, können erwiesenermaßen als übertrieben angesehen werden. Wir haben guten Grund, kritisch an die nüchternere Bewertung des Platzes der axiomatischen Methode im wahren Denken anzuknüpfen, die die deutsche klassische Philosophie und insbesondere Hegel vertreten hat.

Bolzano rief zu seiner Zeit berechtigt und nutzbringend nach einer „begründeteren" Darstellung der Mathematik und der mathematischen Methode. Die dialektisch-materialistische Kritik des logischen Werkes Bolzanos adressiert — bei hoher Wertschätzung für den Beitrag Bolzanos zur Theorie der axiomatischen Methode und zur Lösung der damit verbundenen semantischen Fragen — in einer neuen historischen Situation eine ähnliche Forderung an die *Wissenschaftslehre* selbst. Wir brauchen eine „begründetere" Darstellung der logischen Theorie der Ableitbarkeit und der logischen Formen überhaupt, als diejenige, die in Bolzanos *Wissenschaftslehre* und in der mathematisch-logischen Tradition zu finden ist.

Dies ist kein Abrücken von Bolzanos Orientierung auf eine Sicherung der Objektivität, der objektiven Wahrhaftigkeit des Denkens. Es geht um eine konsequentere Verwirklichung dieser Orientierung entsprechend der heutigen Entwicklungsstufe der Wissenschaft und der gesellschaftlichen Praxis.

Im folgenden Kapitel, das in der Argumentationsfolge der vorliegenden Arbeit den zentralen Platz einnimmt, wollen wir die These erläutern, daß und in welchem Sinne bei Marx (und Engels) die Grundsteine einer solchen „begründeteren" Theorie der logischen Formen zu finden sind.

Karl Marx als Logiker. Zum Stellenwert der mathematischen Logik im dialektisch-materialistischen Rationalitätstyp

Im ideologischen Kampf der Gegenwart spielt die Frage eine nicht unbeträchtliche Rolle, ob Marx auch bei der Auffassung und Bearbeitung der Problematik, die traditionell als logische Problematik bezeichnet und betrachtet wurde, ein neues bedeutsames Wort gesagt hat. Es fehlt nicht an Stimmen, die Marx wohl als großen Ökonomen anerkennen, ihm aber zugleich jedwede Rolle in der Entwicklung der Logik absprechen.

Von bürgerlicher Seite wird nicht selten behauptet, die Marxsche materialistische Dialektik sei eine bloße Geschichtslehre, eine bloße empirisch-deskriptive Theorie, die für die Logik, für die Theorie des „logisch gültigen Ableitens" belanglos ist. „Denn die Logik" — sagt z. B. K. Popper[1] — „läßt sich ... als eine Theorie der Deduktion bezeichnen. Wir haben jedoch keinen Grund zu der Annahme, daß Dialektik irgendwas mit Deduktion zu tun hat." In dieselbe Richtung gehen z. B. die antimarxistischen Angriffe W. Beckers. Er spricht u. a. von der „methodischen Irrationalität der ökonomischen Basistheorien des Marxschen Kapitals" und davon, daß die dialektische Methode „nichts anderes ist als eine geschickte Rationalisierung — trivialer gesagt: Vertuschung der Irrationalität der Marxschen Prämissen".[2]

Wir möchten zuerst zeigen, daß die von Marx und Engels begründete und im Marxismus-Leninismus weiterentwickelte materialistische Dialektik doch „irgend etwas mit Deduktion zu tun hat". Dabei werden wir zugleich bestrebt sein, zur Beantwortung

[1] K. Popper, Was ist Dialektik?, in: Logik der Sozialwissenschaften, Hrsg. v. E. Topitsch, Köln—Berlin 1969, S. 273.

[2] W. Becker, Zur Kritik der Marxschen Wertlehre und ihrer Dialektik, in: Kritischer Rationalismus und Sozialdemokratie, Bonn—Bad Godesberg 1975, S. 211.

der Frage beizutragen, worin das Wesentliche der Marxschen Entdeckungen auf dem Gebiet der Theorie des „logisch gültigen Ableitens“ liegt.

1.

Wenn Popper sagt, daß sich die Logik, grob gesprochen, als eine Theorie der Deduktion bezeichnen läßt, so ist damit noch nicht genug bestimmt, was für eine Deduktion, die Deduktion in welcher Auffassung er im Auge hat. Wie immer es auch sein mag, jedenfalls kann man diejenige Theorie der Deduktion, die in Whitehead-Russells *Principia Mathematica* ausführlich ausgearbeitet und angewandt wird, als eine der wichtigsten und einflußreichsten in der modernen Logik ansehen.[3] Die Untersuchung unseres Problems, ob die materialistische Dialektik doch etwas — und wenn ja, was? — „mit Deduktion zu tun hat“, möchten wir also beginnen mit einigen dialektisch-materialistischen Bemerkungen zu Whitehead-Russells Auffassung der Logik als Theorie der Deduktion, wie diese in den *Principia Mathematica*, insbesondere im 1. Band, vorgelegt worden ist.[4]

Materialistische Dialektik hat mit der Deduktion (in der Auffassung der *PM*) nicht in dem Sinne etwas zu tun, daß sie zur gleichzeitigen Ableitbarkeit einer Aussage und zugleich ihrer Negation im Rahmen des axiomatisch deduktiven Systems der *PM* führen sollte oder daß sie die Gültigkeit der Aussage $\sim (p \,\&\, \sim p)$ als eines Theorems[5] in demselben axiomatischen Sy-

[3] Auch die mehr oder weniger abweichenden Auffassungen der Deduktion, z. B. die von Quine (mit Ausschluß des „vagen“ Begriffs der „propositional function“) oder die sog. „natürliche“ Deduktion Gentzens (nichtaxiomatische Regellogik) oder die intuitionistische Auffassung anerkennen und setzen die Konzeption der mathematischen Logik in den „Principia Mathematica“ als klassisch und paradigmatisch voraus.

[4] Das englische Original der „Principia Mathematica“ (im folgenden: PM) zitieren wir nach der 2. Ausgabe, Cambridge 1960. Die deutsche Übersetzung der Einleitungen zur ersten und zweiten Auflage der PM findet sich in: B. Russell/A. N. Whitehead, Einführung in die mathematische Logik, Übers. von H. Mokre, München—Berlin 1932 (im folgenden: EM).

[5] Übrigens wird diesem „law of contradiction“ im System der PM keine große Rolle beigemessen: „... In spite of its fame we have

stem bestreiten wollte. Solche Puerilitäten den materialistischen Dialektikern in die Schuhe zu schieben, wäre eine Entstellung, die kaum verdiente, ernst genommen zu werden.[6]

Materialistische Dialektik hat mit der Deduktion (in der Auffassung der *PM*) vor allem in dem Sinne etwas zu tun, daß sie die *Verengung des Horizonts*, worin die logische Problematik in der Theorie der *PM* von der Deduktion untersucht wird, kritisiert und überwindet.

Diese These möchten wir nun bestimmter artikulieren und näher begründen.

Der enge Horizont der Logik als Theorie der Deduktion (in der Auffassung der *PM*) kommt schon darin zum Ausdruck, daß ursprünglich die ganze Konzeption der mathematischen Logik in den *PM* auf eine verhältnismäßig beschränkte, wenngleich in der damaligen Zeit großartige wissenschaftliche Aufgabe zugeschneidert („tailored" — sagen die Autoren) worden ist, nämlich die gesamte Mathematik als vollständig deduzierbar aus den logischen Grundlagen darzustellen. Die Verfasser der *PM* selbst betonten nicht selten ausdrücklich, daß die von ihnen konzipierte und an die Arbeiten von Frege, Peano, Cantor u. a. anknüpfende mathematische Logik durch eine verhältnismäßig beschränkte Zielsetzung bestimmt ist. Sie sollte die logischen Mittel gewährleisten, die zur Ableitung der gewöhnlichen Arithmetik und Geometrie aus der Logik dienen könnten. Die Verifizierung der vorgeschlagenen mathematisch-logischen Theorie der Deduktion besteht nach den Autoren der *PM* darin, ob „uns die betreffende Theorie befähigt, die gewöhnliche Mathematik daraus zu dedu-

found few occasions for its use" — bemerken die Verfasser der PM, S. 111.

[6] Vgl. K. Popper, Was ist Dialektik?, a. a. O., S. 266. — Die Dialektiker — so glaubt K. Popper — fordern die Aufgabe des Gesetzes vom ausgeschlossenen Widerspruch, des Gesetzes, „welches besagt, daß zwei kontradiktorische Aussagen niemals beide zugleich wahr sein können, bzw. daß eine Aussage, die aus einer Konjuktion zweier kontradiktorischer Aussagen besteht, aus rein logischen Gründen als falsch verworfen werden muß. Wenn sich die Dialektiker nun auf die Fruchtbarkeit der Widersprüche berufen, so fordern sie die Aufgabe dieses Gesetzes der traditionellen Logik. Sie behaupten, daß die Dialektik auf diese Weise zu einer neuen Logik führt — zu einer dialektischen Logik". — Wir werden zeigen, daß die dialektische Logik, d. h. die dialektisch-materialistische Auffassung der logischen Problematik, auf anderen Wegen entsteht.

zieren"[7]. Damit im Zusammenhang steht, daß die Aufmerksamkeit der logischen Analyse sich konzentriert „auf solche Eigenschaften von Aussagen, Aussagenfunktionen, Klassen und Relationen, die für jedes mathematische Denken erforderlich sein mögen, und nicht nur in einem oder anderem Abschnitte der Mathematik"[8]. Damit steht ferner im Zusammenhang, daß auch einige wichtige Bauelemente der Theorie der Deduktion (in der Auffassung der *PM*), z. B. das „Reduzibilitätsaxiom", aus rein pragmatischen Gründen akzeptiert werden, damit die gegebene Theorie dem vorgegebenen Ziel besser entspricht.[9] Und schließlich wurden einige Behauptungen rein empirisch als Behauptungen über ein faktisch Gegebenes akzeptiert.[10]

Ihrer ganzen Darstellung der mathematischen Logik[11] schicken die Autoren der *PM* in der *Introduction* zur 1. und 2. Ausgabe eine solche Interpretation der grundlegenden logischen Begriffe voraus, die — unter dem Aspekt der Begründetheit und der Art der Begründung dessen, was behauptet wird — eigentlich eine bloße Versicherung ist, daß sich für die Zwecke weiterer Deduktionen Freges und Peanos Auffassung der logischen Analyse als Ausgangspunkt eignet.

Und so beinhalten die *PM* neben exakten Verfahren, die gegenüber den früheren wesentlich präzisiert wurden, da hier alle Schritte und Voraussetzungen explicite ausgedrückt werden, nicht wenige Behauptungen, deren Begründungsart unzureichend reflektiert ist. Man kann sagen, daß der Fortschritt in der Genauigkeit

[7] EM, S. 1 (PM, S. V).

[8] PM, S. 87.

[9] PM, S. XIV: „This axiom has a purely pragmatic justification: it leads to the desired results, and to no others" (vgl. EM, S. 124).

[10] Vgl. EM, S. 126: „Unser System beginnt mit ‚atomischen Propositionen'. Wir nehmen sie als gegeben an, weil die Probleme, zu denen sie Anlaß geben, zum philosophischen Teil der Logik gehören und (jedenfalls zur Zeit) mathematischer Behandlung nicht zugänglich sind." (PM, S. XV.) — Bedeutsam ist, daß die Behauptung des *Faktums* der Wahrheit irgendeiner Aussage (also der spezifische Fall der faktischen Wahrheit — vérité de fait) Bedingung dafür ist, daß die „primitive Aussage" * 1.1. („Anything implied by a true elementary proposition is true"), die erst eine Deduktion einer Aussage aus einer anderen Aussage ermöglicht, sinnvoll ist (vgl. PM, S. 94).

[11] Vgl. PM, Part I., Sections A, B, C, D.

und Begründetheit durch ein Anwachsen an Unbegründetheit erkauft wird.

So wird z. B. nicht zureichend reflektiert, was es für die Fragen nach dem Wesen der Deduktion (in der Auffassung der *PM*) bedeutet, daß die Voraussetzung für die Konstruktion der mathematischen Logik in den *PM* eine vorhergehende Analyse der *bestehenden* Mathematik unter dem Aspekt ihrer impliciten logischen Struktur ist. Es handelte sich um eine „Deduktion der reinen Mathematik aus ihren logischen Grundlagen“[12]. Zu diesem Zweck mußte man zwei gegensätzliche wissenschaftliche Aufgaben parallel bearbeiten. Die Autoren der *PM* sagen darüber: „Einerseits haben wir die gegebene Mathematik zu analysieren mit dem Bestreben, aufzudecken, welche Voraussetzungen darin stecken, ob diese Voraussetzungen verträglich sind und ob sie der Zurückführung auf noch fundamentalere Voraussetzungen fähig sind. Andererseits haben wir, wenn wir die Entscheidung über unsere Voraussetzungen getroffen haben, daraus wiederum von den früher analysierten Gegebenheiten, soviel nötig scheinen mag, zu rekonstruieren und soviel andere Folgerungen aus unseren Voraussetzungen zu ziehen, als um ihres hinlänglich allgemeinen Interesses willen ausdrückliche Aufstellung verdienen. Die vorgängige analytische Arbeit erscheint nicht mehr in der endgültigen axiomatischen Darstellung, die bloß das Ergebnis der Analyse in gewissen undefinierten Begriffen und unbewiesenen Sätzen herausstellt. Dabei wird nicht behauptet, die Analyse hätte nicht mehr weiter fortgeführt werden können: wir haben keinen Grund zu glauben, daß es unmöglich ist, noch einfachere Begriffe und Axiome zu finden, mittels deren die, von denen wir ausgehen, definiert und bewiesen werden können. Alles, was behauptet wird, ist nur, daß die Begriffe und Axiome, von denen wir ausgehen, hinreichend, nicht daß sie notwendig sind.“[13]

Es ist offensichtlich, daß Whitehead und Russell als Autoren des Versuchs einer wissenschaftlichen Begründung der Mathematik in der Form des deduktiven Systems (der *PM*) *in Wirklichkeit* zumindest drei gedankliche Prozesse zur Geltung bringen, von denen jeder neben gemeinsamen Merkmalen in der logischen Struktur auch seine eigenen spezifischen Züge hat. Sie mußten neben der Arbeit der eigentlichen formalisierten deduktiven

[12] PM, S. 90.
[13] EM, S. 2 (PM, S. V–VI).

Ableitung – oder besser: vor dieser Arbeit – die in der bestehenden Mathematik verschlüsselt liegenden gedanklichen Prozesse anerkennen. Sie haben sie zunächst als Komplex gegebener Wahrheiten angenommen, der besser als bisher begründet werden sollte. Das ist eine der eigentlichen Deduktion *vorangehende*, aber für die Konstruktion der Deduktion (in der Auffassung der *PM*) *notwendige* gedankliche Operation. Sie mußten ferner bei der eigentlichen Konstruktion des deduktiven Systems der *PM* ein spezifisches gedankliches Verfahren in jenen Fällen anwenden, wo es sich um die „Einführung" einer primitiven Idee oder einer primitiven Aussage handelte. Diese sind im deduktiven System der *PM* nicht demonstriert, sondern „erklärt durch Beschreibung" („only descriptively explained")[14].

Das logische Wesen der notwendigen Koexistenz, eigentlich *der Mischung* dieser verschiedenen gedanklichen Prozesse beim Aufbau des deduktiven Systems vom Typ der *PM* wird nicht hinreichend reflektiert, wird kritiklos angenommen,[15] was ein weiterer Ausdruck des *verengten Horizonts* dieser Logik als einer Theorie der Deduktion (im Sinne der *PM*) ist.

Ein Kenner der logischen Literatur der Gegenwart könnte hier sagen: Alles bisher Gesagte über den verengten Horizont der Auffassung der Logik als Theorie der Deduktion in den *PM* mag zutreffen. Aber erstens drücken schon die *PM* die Möglichkeit und das Bedürfnis aus, die Analyse fortzuführen ("to carry the analysis farther"[16]). Und zweitens ist bekannt, daß viele von

[14] EM, S. 22, (PM, S. 12).

[15] Die Untersuchung der Frage, was die Dialektik mit der Logik als Theorie der Deduktion zu tun hat, erfordert von uns, gegenüber der existierenden mathematischen Logik in gewissem Sinn dasselbe zu tun, was Whitehead und Russell gegenüber der damals existierenden Mathematik taten, mit einer allerdings *sehr wesentlichen* Änderung. Die Autoren der PM erstrebten eine kritische Klarstellung der Voraussetzungen und eine begründetere Darstellung des mathematischen Wissens als bisher, lassen aber dabei stillschweigend ungeprüft, ob die Idee der Begründung des Wissens (hier des mathematischen Wissens) durch das deduktive System selbst begründet ist und wodurch, welchen Charakter, welche Bedingungen und Anwendungsgrenzen diese Begründung hat u. a. Im dialektisch-materialistischen Typ der Rationalität werden u. a. gerade diese Fragen zum Gegenstand einer kritischen Reflexion und zu einem der legitimen Themen der dialektischen Logik.

[16] PM, S. VI (vgl. EM, S. 2).

diesen in den *PM* nicht genug reflektierten Fragen und Voraussetzungen der Logik als Theorie der Deduktion in der „philosophischen Logik“ der Gegenwart thematisiert und untersucht werden, ohne daß dazu die materialistische Dialektik gebraucht und ohne daß dazu die Marxschen Entdeckungen auf dem Gebiet der logischen Problematik berücksichtigt werden müßten.[17]

Die Stellungnahme zu diesen und ähnlichen Fragen erfordert die Explikation der dialektisch-materialistischen Kritik und die Überwindung des engen Horizonts der mathematischen Logik als Theorie der Deduktion. Die Klärung der Spezifik der *dialektisch*-logischen Verarbeitung der Fragen der „philosophischen Logik“ läuft auf die Frage nach der Stelle der mathematischen Logik im dialektisch-materialistischen Rationalitätstyp hinaus. Anders gesagt: Die von den Verfassern der *PM* selbst angedeutete Aufgabe der Fortführung der Analyse kann auf verschiedene Weisen durchgeführt werden, z. B. auf die Art Scheffers (Verminderung der Anzahl der primitiven Funktoren des Aussagenkalküls — bei Verharren in dem engen Horizont des Deduktionssystems der *PM*), oder auf die Art Strawsons (Thematisierung und Untersuchung der Fragen der „philosophischen Logik“, ohne diese auf den Boden der materialistischen Dialektik zu stellen), oder endlich in der Weise, daß die mathematisch-logische Problematik in den breiteren Rahmen des dialektisch-materialistischen Typs der Rationalität eingebettet wird.

P. F. Strawson unterscheidet in der Logik einen formalen und einen philosophischen Teil.[18] Er führt als Beispiele für typische von der philosophischen Logik untersuchte Fragen die folgenden an: „Was ist tatsächlich das Unterscheidende der logischen Formen und Konstanten? Wie kann der Begriff der logischen Partikel allgemein erklärt werden? ... Was ist eigentlich die *Aussage*? Was wird gemeint, wenn wir sagen, daß eine Aussage

[17] Vgl. u. a. P. F. Strawson (ed.), Philosophical Logic, Oxford 1967.

[18] Vgl. ebenda, S. 1: Die Logik „has a formal and a philosophical part. The aims and concerns of the formal science of logic are various, though interrelated; but one quite basic aim is the systematic presentation of certain relations of deductibility or implication which hold among propositions. The formal logician is not concerned with the entire field of deducibility relations. He is concerned only with such of them as hold among the members of groups of propositions when, and because, the members of such a group collectively exhibit certain structural or formal features“.

wahr ist? Welche Natur, im allgemeinen, hat die Beziehung, die zwischen den Aussagen vorliegt, wenn eine Aussage *folgt*, oder ist *deduzierbar* aus der anderen?"[19]

Das Eigentümliche der *dialektisch-materialistischen* Überwindung des engen Horizontes der Logik als Theorie der Deduktion (in der Auffassung der *PM*) — also die Beantwortung der Frage, in welchem Sinn hat die Dialektik *etwas zu tun* mit der Logik als Theorie der Deduktion? — werden wir im Zusammenhang mit diesen Fragen der sogenannten philosophischen Logik in erster Näherung im folgenden umreißen: Die materialistische dialektische Logik stellt sich in Anlehnung an die Entdeckungen Marxens (und Engels' und Lenins) im Bereich der logischen und der erkenntnistheoretischen Problematik gerade diese und ähnliche Fragen. Wenn man so will, zielen ihre Untersuchungen auf die Lösung jener Fragen ab, die Strawson u. a. in den philosophischen Teil der Logik einbezogen wissen wollen. Während allerdings Strawson das Problem der Lösungsmethoden der Fragen der sogenannten philosophischen Logik in vager Unbestimmtheit beläßt, hat die materialistisch-dialektische Logik einen eigenständigen Zugang entwickelt, den wir im weiteren anhand der Kritik des engen Horizonts der Logik als Theorie der Deduktion (in der Auffassung der *PM*) näher charakterisieren wollen.

Strawson schreibt über die Untersuchungsmethode der Fragen der sogenannten philosophischen Logik: „Es ist eine vertretbare, obgleich eher fragliche These, daß die Fragen des philosophischen Logikers auch untrennbar verbunden sind mit anderen, die üblicherweise in die verschiedenen Bereiche der Philosophie eingereiht werden; und daß die Theorie der Aussage von der Erkenntnis- oder Seinstheorie tatsächlich nicht getrennt werden kann (‚that the theory of the proposition cannot really be separated from the theory of knowledge or the theory of being').“[20] Was Strawson

[19] Ebenda, S. 1f.: „What is really distinctive of the forms and constants of logic? or, What general elucidatory account can be given of the notion of a logical partical? ... What exactly is a *proposition*? What is meant by saying that a proposition is *true*? What, in general, is the nature of that relation which holds between propositions when one *follows from*, or is *deducible from*, another?"

[20] Ebenda, S. 2 (Übs. — J. Z.). — Strawson fährt fort: „One philosophical logician will take the current system of formal logic itself as the firm base from which to direct all his ordering operations against the unruly tribes of language, all his explanatory monoeuvres

hier als eine der möglichen Einstellungen anführt, die vertretbar, aber eher abzulehnen sei, wird in der marxistisch-leninistischen dialektischen Logik entschieden und eindeutig akzeptiert: gewiß, die allgemeine Theorie der Aussage (allgemeine Theorie der Prädikation) „kann nicht tatsächlich von der Erkenntnis- oder Seinstheorie getrennt werden“[21]. Die dialektische Logik setzt hier allerdings „und“ anstatt „oder“. Man kann sagen, daß die dialektische Logik in gewissem Sinn nur mit jenen Bearbeitern der „philosophischen Logik“ parallel geht, die eine Ansicht von der unlösbaren Verbundenheit der Erkenntnis- und Seinstheroie mit der philosophischen Logik aufrechterhalten — zum Unterschied von einigen Partien des formalen Teiles der Logik, wo die Separation möglich und nutzbringend ist.

Was den (im Zitat der Fußnote 20) erwähnten Zugang Austins anlangt, so unterscheidet sich die dialektisch-logische Einstellung von der seinigen dadurch, daß sie die „totale Sprechsituation“ im materialistischen, d. h. auch im gesellschaftlich-historischen und praktischen Sinn, auffaßt, und daher als Haupt- und Endziel der Untersuchung nicht die Erläuterung „des totalen Sprechaktes in der totalen Sprechsituation“, sondern die Bearbeitung der logischen Problematik unter Berücksichtigung des Zusammenhanges der Denk-, Praxis- und Seinsformen betrachtet.

2.

Kommen wir nun auf die Frage zurück, in welchem Sinn hat die Dialektik etwas mit der Logik als Theorie der Deduktion (in der Auffassung der *PM*) zu tun und worin besteht die Spezifik der dialektisch-materialistischen Kritik und die Überwindung der Enge des Horizontes dieser Logik?

among the diverse phenomena of speech. Another will start — as far away as possible from this base — by examining those phenomena themselves in all their particularity and detail. Cf. J. L. Austin, How To Do Things With Words, Lecture XII, p. 147: ‚The total speech act in the total speech situation is the *only actual* phenomenon which, in the last resort, we are engaged in elucidating‘.“

[21] Ebenda, S. 2. — Dann allerdings fällt die „general theory of the proposition“ — wir könnten auch sagen: die allgemeine Theorie der Urteilskraft — im wesentlichen mit der Theorie der Rationalität zusammen, da sie die logischen Formen im engeren und

Unter dem Blickwinkel der materialistischen Dialektik ist der wichtigste Ausdruck der Enge des Horizontes der Logik als Theorie der Deduktion (in der Auffassung der *PM*) die Tatsache, daß die *PM* sich innerhalb der Mengenontologie des auf die abstrakte Identität gegründeten Denkens bewegen und innerhalb dieser Grenzen verbleiben. In diesem Zusammenhang ist es nicht entscheidend, ob dies nominalistisch[22] oder „platonistisch“ aufgefaßt wird. Die Diskussion zwischen den Nominalisten und „Platonikern“ war im wesentlichen Diskussion im Rahmen einer Familie.

Das Eingeschlossensein des auf die abstrakte Identität gegründeten Denkens in die Strukturen der Mengenontologie bedeutet, daß in den *PM* die reduktive Überführung aller Sachverhalte, aller Beziehungen des Allgemeinen — Besonderen — Einzelnen, aller Prozesse der Verallgemeinerung und Besonderung in die Begrifflichkeit der Mengenontologie fundamentale Bedeutung hat. Dabei wird die Beziehung zwischen Element und Klasse ($a \in K$), bzw. zwischen Klasse und eigener Unterklasse ($K \subset L$), als Beziehung der fixen Bestimmungen vorausgesetzt. Fixe Sachverhalte, die sich schließlich und endlich in den primitiven Strukturen „$a \in K$“ und „$K \subset L$“ analysieren lassen, werden als primäre Seinsarten gesetzt. Vom Standpunkt der Marxschen

weiteren Sinn betrifft, also alle Schichten der logischen Problematik: nicht nur Wesen und Struktur der Urteile, sondern auch die Urteilskomponenten sowie die Urteilsgefüge und die Zusammenhänge zwischen Denk-, Praxis- und Seinsformen.
Die Ausdrücke „Aussage“ und „Urteil“ werden hier als Synonyma gebraucht.

[22] Wozu die PM neigen, vgl. PM, S. 72, 74 (EM, S. 104, 106) u. a. — Siehe dazu auch J. J. Lednikov, Kritičeskij analiz nominalističeskich i platonistskich tendencii v sovremenoi logike, Kiew 1973. — Fügen wir noch hinzu, daß die fundamentale Rolle der Mengenontologie in den PM nicht erst beginnt, nachdem das Aussagenkalkül dargelegt wurde. Die Autoren der PM sagen zwar, daß „... in the theory of propositions we nowhere require the theory of classes“ (PM, S. 90). In Wirklichkeit bewegt sich auch das Aussagenkalkül in der Mengenontologie. Die aussagenlogischen Konstanten werden als bloße Funktoren der Abbildung zwischen den Wahrheitswerten von zwei Klassen der Aussagen aufgefaßt, wobei auch hier die Zugehörigkeit zur Klasse eine fixe Eigenschaft ist. Damit hängt die Möglichkeit des Aufbaues des Aussagenkalküls in Matrizenform zusammen.

Auffassung der logischen Problematik kann man sagen: Es wird nicht berücksichtigt, daß alle Bestimmungen, einschließlich derjenigen, die durch die Begrifflichkeit der Mengenontologie ausgedrückt werden können, letzten Endes Momente des *Werdens* sind.

Die Verfasser der *PM* schreiben: „Die Welt besteht aus Gegenständen, die verschiedene Eigenschaften haben und in verschiedenen Relationen stehen“[23]. Dies läßt sich sowohl im Geiste der Logik der ahistorischen Strukturen als auch im Geiste des entwicklungsmäßigen Denkens akzeptieren und interpretieren. Die Logik als Theorie der Deduktion (in der Auffassung der *PM*) pfercht allerdings den angeführten ontologischen Gedanken in die simplifizierenden Bahnen der Mengenontologie des auf die abstrakte Identität gegründeten Denkens ein. Die Aussagen über Eigenschaften und Relationen werden als vollkommen überführbar auf Aussagen über Klassen angesehen.[24]

Wichtig ist im Zusammenhang damit die vereinfachende und vereinseitigende Auffassung der Relationen in den *PM*, die es in allen Fällen ermöglicht, das Geschehende, das Prozessuale in das Statisch-Strukturelle, in die Mengenontologie des Feldes der abstrakten Identität (und — selbstverständlich — des abstrakten Unterschiedes) zu überführen. Zum Beispiel „xRy“ („x loves y“) läßt sich überführen in „$x \in \overleftarrow{R'y}$“ („x is a lover of y“). Man arbeitet dann nur mit dem statisch-strukturellen Moment

[23] EM, S. 63 (PM, S. 43).

[24] Vgl. z. B. PM, S. 81 (EM, S. 116). — Alfred Tarski schreibt darüber (A. Tarski, Einführung in die mathematische Logik, Wien 1937, S. 44): „Deshalb ist es, nach der Meinung zahlreicher Logiker, überhaupt nicht nötig, zwischen den beiden Begriffen: der Menge und der Eigenschaft zu unterscheiden; eine besondere ‚Theorie der Eigenschaften‘ ist entbehrlich — die Klassentheorie reicht völlig aus.“ — Die Begriffe „Menge“ und „Klasse“ sind hier Synonyma (Vgl. PM, S. 23 [EM, S. 37]). Die spätere Entwicklung der Mengentheorie bringt z. B. in der Konzeption von Zermelo-Bernays eine Unterscheidung zwischen „Mengen“ und „Klassen“, damit auch zwischen der Beziehung „$\ldots \epsilon \ldots$“ und „$\ldots \eta \ldots$“. Dies hängt vom philosophisch-logischen Standpunkt mit der in den PM angewandten Typentheorie zusammen. Die sog. Typentheorie modifiziert die Mengenontologie dadurch, daß sie das Verbot einiger Prädikationen im Rahmen der Mengenontologie vorschreibt, diese sonst aber unberührt läßt.

der Beziehung.[25] Der Begriff der „Veränderlichen" und die Verwendung der Veränderlichen (was eigentlich bedeutet: der Begriff der Verallgemeinerung und Besonderung) wird völlig dieser Konzeption untergeordnet. Die „Veränderlichen" drücken nicht die Veränderlichkeit aus, sondern nur die Nichtdeterminiertheit im Rahmen gewisser Grenzen.[26]

Um kein Mißverständnis aufkommen zu lassen: Die Ausarbeitung neuer Formen der Logik jenes Denkens, das sich im engen Horizont des auf die abstrakte Identität gegründeten Denkens bewegt, ist in jeder Hinsicht eine wichtige und progressive theoretische Leistung. Es handelt sich um eine wichtige Modernisierung der formalen Logik. Im Zusammenhang der Rechentechnik ist die Bedeutung dieser Logik als der theoretischen Basis der Formalisierung wissenschaftlicher Sprachen nicht nur in den Bereichen der Mathematik[27], sondern auch in vielen anderen Bereichen

[25] Die Autoren der PM äußern zwar in diesem Zusammenhang Vorbehalte gegen die Möglichkeit einer uneingeschränkten Überführung der Theorie der Relationen in die Theorie der Klassen, wenden jedoch beim eigentlichen Aufbau des deduktiven Systems der PM weitgehend den Grundsatz an, daß „every statement of the form ‚xRy' can be reduced to a statement asserting membership of a class" (PM, S. 243).

[26] Vgl. PM, S. 4, 40 (EM, S. 11, 59). 95 — Beachtenswert ist in diesem Zusammenhang auch das, was A. Tarski (Einführung in die mathematische Logik, a. a. O., S. 2) über die sog. „variablen Zahlen" oder die „variablen Größen" sagt: „In dieser Anschauung steckt ein grobes Mißverständnis. Die ‚variable Zahl' x könnte keine bestimmte Eigenschaft besitzen, sie könnte z. B. weder positiv noch negativ noch gleich Null sein; oder vielmehr die Eigenschaften einer solchen Zahl würden sich von Fall zu Fall verändern: diese Zahl würde manchmal positiv, manchmal negativ, schließlich manchmal gleich Null sein. Solche Gebilde finden wir in der Welt überhaupt nicht; ihre Existenz würde den Grundgesetzen unseres Denkens widersprechen."

[27] So ist der enge Horizont an sich dann kein Mangel der logischen Theorie, wenn wir beim ursprünglichen Zweck der mathematischen Logik in der Auffassung der PM mit der Modifizierung verbleiben, daß wir ihn der Verabsolutierung entkleiden, d. h. des Anspruchs auf die Deduktion der gesamten Mathematik und ein für allemal. Die Autoren der PM meinten, es sei ihnen gelungen „the complete enumeration of all ideas and steps of reasoning employed in mathematics" (PM, S. 2). Gödel u. a. halfen, diese Illusion zu zerstreuen. Auch die heutige Wiedergeburt der empirischen Einstellungen in

evident. Im dialektisch-materialistischen Typ der Rationalität findet daher der Aufstieg der mathematischen Logik volle Würdigung und hat freien Spielraum für Weiterentwicklung und größtmögliche technische und theoretische Anwendung.

Was vom Standpunkt der materialistischen Dialektik unannehmbar ist, sind die Versuche, die Logik der Deduktion (vom Typ der *PM*)[28] zu verabsolutieren und darauf eine vereinheitlichende Auffassung von der Gesamtheit des menschlichen Wissens aufzubauen. R. Carnap schrieb z. B. in seinem Buch *Der logische Aufbau der Welt*[29], daß nur das wissenschaftlich rational ist, was im Rahmen der „neuen Logik" (d. h. der Logik vom Typ der *PM*) und der Empirie denkbar und begründbar ist. In der *Einführung in die mathematische Logik* von Tarski klingt in etwas anderer Form eine ähnlich überanstrengte Konzeption von der mathematischen Logik an. Die moderne mathematische Logik — sagt Tarski[30] — „entstand ursprünglich aufgrund der einigermaßen beschränkten Aufgabe, die Grundlagen der Mathematik zu festigen. Gegenwärtig verfolgt sie jedoch weitaus umfassendere Ziele: sie ist bestrebt, einen einheitlichen Begriffsapparat zu schaffen, der der gesamten menschlichen Erkenntnis eine gemeinsame Basis an die Hand geben sollte. Sie erstrebt überdies eine Vervollkommnung und Verfeinerung der deduktiven Methode, die einige Wissenschaften als einziges legitimes Mittel zur Festsetzung wahrer Erkenntnisse verstehen und die allerdings in jedem Fachgebiet zumindest ein unerläßliches Hilfsinstrument

den Fragen der Grundlagen der Mathematik (vgl. I. Lakatos, A Renaissance of Empiricism in the Recent Philosophy of Mathematics, in: British Journal for the Philosophy of Science, Vol. 27 [1976]) löst sich radikal von den absolutistischen Illusionen der PM, ohne dabei die grundlegenden Begriffe und Verfahren der Logik als Theorie der Deduktion aufzugeben. Diese werden auch bei der Unterscheidung der sog. euklidischen und quasi-empirischen Auffassung der Deduktion aus den PM übernommen.

[28] Andeutungen einer möglichen Verabsolutierung finden sich in diesem Sinn bereits in den PM (vgl. PM, S. 3).

[29] R. Carnap, Der logische Aufbau der Welt. Scheinprobleme in der Philosophie, Hamburg 1961.

[30] Introduction to Logic and to the Methodology of Deductive Sciences, Oxford—New York 1959, S. XI: „It seeks to create a unified conceptual apparatus which would supply a common basis for the whole of human knowledge." (Übs. — J. Z.)

für die Ableitung von Schlüssen aus angenommenen Voraussetzungen bildet." Die materialistische Dialektik akzeptiert den ersten und den dritten Gedanken dieser Erwägung, lehnt jedoch den zweiten, das Bestreben der mathematischen Logik, aus sich heraus eine unifizierende Grundlage für die gesamte menschliche Erkenntnis zu schaffen, ab.

Karl Marx, der an das entmystifizierte Kernstück der Hegelschen Entdeckungen im Bereich der Logik und Erkenntnistheorie anknüpft, leistete einen bedeutsamen Beitrag in der Geschichte der Logik dadurch, daß er die Grundsteine zur Logik des Entwicklungsdenkens legte. Diese Logik enthält eine Kritik und Erläuterung der restriktiven Auffassung der logischen Problematik in der formalen Logik und ist zugleich eine Theorie der Denkformen der rationalen Aneignung der Welt, die als Gesamtzusammenhang von Prozessen, die letzten Endes Prozesse der Selbstentwicklung, Prozesse des Sichselbsthervorbringens sind, begriffen wird. Der Begriff des entwicklungsmäßigen Denkens (oder des Entwicklungsdenkens) wird hier in folgendem Sinn gebraucht: Es handelt sich um eine Denkweise, die in der Erkenntnis der Seins-, Praxis- und Denkformen konsequent und möglichst allseitig den Standpunkt der Entwicklung einnimmt, also „jede gewordene Form im Fluß der Bewegung auffaßt". Anders gesagt: Es handelt sich um eine Denkweise, deren sämtliche Denkbestimmungen als nähere Bestimmungen des Werdens aufgefaßt werden.

Unter diesem Aspekt ist die Deduktion in der Auffassung der *PM* und — allgemeiner[31] gefaßt — die Deduktion im Felde des auf die abstrakte Identität gegründeten Denkens (wir wollen sie als F-Deduktion bezeichnen) eine für die menschliche Erkenntnis und Technik wichtige Form des Schließens, aber nicht die einzige Form des logisch gültigen Ableitens. Wenn Marx im Kapital das Wesen des Geldes dadurch erklärt, daß er die Geldform aus der einfachen Wertform ableitet,[32] haben wir nicht eine

[31] Auch die induktive Logik kann als Art der Deduktion aufgefaßt werden.

[32] Marx spricht in diesem Zusammenhang von der „Ableitung des Werts durch die Analyse der Gleichungen" (MEW, Bd. 23, a. a. O., S. 18), und sieht in dieser Ableitung den Nachweis der „Genesis dieser Geldform" (ebenda, S. 62). Vgl. auch K. Marx, Grundrisse, a. a. O., S. 217, wo er zur Ableitung des Begriffs „Kapital im allgemeinen" aus dem Geldbegriff bemerkt: „Wir wohnen seinem Entstehungsprozeß bei. Dieser dialektische Entstehungsprozeß

F-Deduktion, sondern eine dialektisch-logische Entwicklung der Gedanken, eine dialektische logische Ableitung vor uns. Vielleicht können wir diese zwei Formen der logischen Ableitung so unterscheiden, daß wir im ersten Fall von der F-Deduktion, d. h. von der Ableitung einer Aussage aus einer anderen im Ordnungsfeld ahistorischer Strukturen (mittels der ihnen entsprechenden verständigen Denkweise), im zweiten Fall von einer dialektischen Gedankenentwicklung, d. h. einer Ableitung im Felde der Entwicklungsstrukturen und des ihnen entsprechenden Entwicklungsdenkens, sprechen werden.[33] Ahistorische Strukturen sind Momente der Entwicklungsstrukturen, die Entwicklungsstrukturen existieren nicht anders, als daß sie die ahistorischen Strukturen als untergeordnetes Moment enthalten. Aber auch gerade nur als untergeordnetes Moment. Die Versuche von L. S. Rogowski u. a.[34]

ist nur der ideale Ausdruck der wirklichen Bewegung, worin das Kapital wird."

[33] Es ist erwähnenswert, daß sich die Definition des Syllogismus bei Aristoteles (An. Pr. 24b 18), die gewöhnlich nur mit der F-Deduktion verbunden wird, so interpretieren läßt, daß sie beide obengenannten Formen der Ableitung umfaßt. Aristoteles sagt: *συλλογισμὸς δέ ἐστι λόγος ἐν ᾧ τεθέντων τινῶν ἕτερόν τι τῶν κειμένων ἐξ ἀνάγκης συμβαίνει τῷ ταῦτα εἶναι*. In gewissem Sinn gilt auch von der Marxschen dialektisch-logischen Ableitung der Geldform, daß aus etwas Gegebenem (nicht als formallogische Folgerung, sondern als Konsequenz des notwendigen Zusammenhanges, der von historisch-logischer Natur ist) etwas anderes folgt, und zwar deswegen, weil das als Ausgangspunkt dienende Gegebene ein bestimmtes (prozessuales, konkret Bestimmtes, vorübergehendes) Wesen hat. Aristoteles bezieht das durch einen formal-logischen syllogistischen Beweis erworbene Wissen in den breiteren Rahmen *τῶν περὶ τὴν διάνοιαν ἕξεων αἷς ἀληθεύομεν* (An. Post. 100b 5–6) und demnach auch die durch einen logischen Beweis vorgenommene Begründung in den breiteren Rahmen verschiedener Formen der wissenschaftlichen Begründung und Erklärung ein. Die materialistische Dialektik knüpft an diese Tradition an.

[34] L. S. Rogowski, Sens logiczny heglowskiej koncepcij sprzeczności zmiany i ruchu, in: Studia filozoficzne, Warschau, 6/1961. — Vgl. auch D. Marconi (Hrsg.), La formalizzazione della dialettica. Hegel, Marx e la logica contemporanea, Torino 1979. — Auch die sog. Logic of Change in der Bearbeitung von G. H. v. Wright u. a. verbleibt in den Grenzen der Mengenontologie des auf die abstrakte Identität gegründeten Denkens. Damit soll nicht gesagt werden, daß diese logische Theorie ohne wissenschaftlichen Wert und nutzlos

die Dialektik zu formalisieren, erstreben im Gegenteil eine Unterordnung der konkreten Allgemeinheit unter die abstrakte Allgemeinheit. Dies ist etwa so, als wollte man beweisen, daß der Sohn seinen Vater zeugte.

Die Frage wird dadurch weiter kompliziert, daß die erwähnte Unterordnung eine eigentümliche Natur hat, man kann sie weder durch Eulersche Diagramme, noch so ausdrücken, daß wir die ahistorischen Strukturen als Grenzfall der Entwicklungsstrukturen (und die formale Logik als Grenzfall der dialektischen Logik) betrachten. In gewissem Sinne hat alles einen in Denkformen ahistorischer Strukturen erfaßbaren Gehalt,[35] und das ist nicht nur möglich, sondern geradezu notwendig. Man muß die Denkformen ahistorischer Strukturen zur Geltung bringen, damit die Entwicklungsprozesse rationell erfaßt werden können, zugleich gilt aber, daß das Denken in bloß ahistorischen Strukturen zur rationellen Erfassung der Entwicklungsprozesse nicht ausreicht. Offensichtlich erfordern diese Fragen eine weitere Bearbeitung.[36]

Manchmal kann man dem Versuch begegnen, den Unterschied und das Verhältnis der F-deduktiven und der dialektischen Ableitung durch einen Gegensatz von „rein formaler" und „inhaltlicher" Ableitung auszudrücken. Diese dualistische Gegenüberstellung von Form und Inhalt ist ein Überrest nicht nur der vormarxistischen, sondern auch der vorhegelschen Konzeption des Logischen. Sie existiert heute hauptsächlich in Gestalt der Ansichten, die das „rein Logische" und das „Faktische" („Empirische") zueinander in einen metaphysischen Gegensatz stellen. So charakterisiert z. B. R. Carnap die F-logischen Beziehungen in der

wäre, sondern nur, daß die Ansicht nicht geteilt werden kann, nach der diese Theorie eine teilweise Formalisierung der Dialektik darstellt.

[35] So beinhaltet z. B. ein derart fundamentales Urteil des Entwicklungsdenkens, wie die Behauptung „panta rhei", eine Seite der fixen Bestimmung darin, daß gilt „es ist wahr, daß panta rhei" und daß nicht gilt „es ist nicht wahr, daß panta rhei"; es gilt also nicht „p & $\sim$ p".

[36] Dabei mag in neuem Licht das Bedürfnis nach einer kritischen, entmystifizierten Benutzung der Hegelschen Gedanken über das Verständige als Seite von allem Logischen und über die untrennbare Verbindung von Verstand und Vernunft erscheinen. Einige diesbezügliche Erwägungen enthält das 3. Kapitel unserer vorliegenden Arbeit.

Logik vor allem dadurch, daß sie „unabhängig von allen realen Fakten sind, somit im traditionellen Sinne formal“[37]. In der Marxschen Konzeption ist keine Art des Logischen, also auch nicht die F-logischen Ableitungsbeziehungen, „unabhängig von allen realen Fakten“ und in diesem Sinne „formal“.

Karl Marx bemerkt im *Kapital*: „Es ist kaum verwunderlich, daß die Ökonomen, ganz unter dem Einfluß stofflicher Interessen, den Formgehalt des relativen Wertausdrucks übersehen haben, wenn vor Hegel die Logiker von Profession sogar den Forminhalt der Urteils- und Schlußparadigmen übersahen.“[38] Diese Bemerkung fällt im Zusammenhang mit der Feststellung, daß die früheren Ökonomen das Geheimnis des Geldes nicht durchschauten, da sie die Wertform nur von der quantitativen Seite her untersuchten. Es ist nicht leicht, eine überzeugende Interpretation dieses Marxschen Gedankens in Vorschlag zu bringen. Das gilt schon deshalb, weil Marx selbst ihn bei der Redaktion des Kapitels zur zweiten Ausgabe seines Hauptwerkes streicht, was bedeuten kann, daß er ihn nicht als völlig zutreffenden Ausdruck seiner beabsichtigten Mitteilung betrachtete. Anscheinend kann man unter Berücksichtigung des Kontextes folgende Interpretation verteidigen: Marx anerkennt, daß Hegel eine neue Dimension der Untersuchung und des Verständnisses der Urteils- und Schlußformen entdeckte, und zwar die genetische Dimension. In der Mystifikation des Hegelschen absoluten Idealismus hatte allerdings diese Entdeckung eine entstellte Gestalt: alle von der vorherigen Logik nur in der Form fertig (unbekannt von woher) gegebener Strukturen in Erwägung gezogenen Urteils- und Schlußformen. — „leblose Knochen eines Skeletts“, sagt Hegel — werden in der Logik Hegels als Momente der Selbsterzeugung der Idee präsentiert. Der Prozeß der Selbsterzeugung ist schließlich und endlich die Bewegung der Vereinheitlichung der verschiedenen Formen des Allgemeinen, des Besonderen, des Einzelnen. Er wird als absoluter Sachverhalt angesehen. In der materialistischen Demystifikation bedeutet dies, daß Hegel den Weg zu einer solchen Untersuchung der in der vorherigen Logik bekannten Urteils- und Schlußformen ebnet, die deren Bindung an den gesamten (historischen) Entwicklungsprozeß der Wirklichkeit,

[37] R. Carnap/W. Stegmüller, Induktive Logik und Wahrscheinlichkeit, Wien 1958, S. 30.

[38] K. Marx, Das Kapital. Erster Band, Hamburg 1867, S. 21.

von dem sie abstrahiert werden, nicht übersehen. Hegel bereitet derart eine für den dialektisch-materialistischen Typ der Rationalität charakteristische dialektisch-materialistische Historisierung der Denkformen vor.

Ebenso wie die ökonomischen Wertformen aufhören, bloßer Ausdruck der quantitativen Proportion zu sein und gehaltvoll sind, in ihrem Inhalt begriffen werden können, wenn man die genetischen Zusammenhänge nicht außer acht läßt, wenn sie im Zusammenhang mit der Entwicklung, mit den Stufen der historischen Entwicklung von Tausch und Arbeitscharakter begriffen werden, so muß man auch die Urteils- und Schlußformen in genetisch-strukturellen Zusammenhängen begreifen. Man darf bei ihrer Analyse nicht in dem engen Horizont der Mengenontologie im Felde der abstrakten Identität verharren, sondern man muß die ahistorischen Strukturen als untergeordnetes Moment der Entwicklungsstrukturen und die Logik der ahistorischen Strukturen als untergeordnetes Moment der Logik des entwicklungsmäßigen Denkens verstehen. Hierzu ist notwendig, das Logische und das Historische nicht absolut voneinander zu trennen, sich vielmehr vom Vorurteil der notwendigen völligen Separation von Logischem und Faktischem (Historischem, Entwicklungsmäßigem) zu befreien.

Die Engelsschen Skizzen in der *Dialektik der Natur*[39] über die Entwicklungszusammenhänge und die Entwicklungsklassifikation der verschiedenen Urteilsformen in der dialektischen Logik können als Beispiel für dieses Nichtübersehen des Forminhaltes der Urteilsparadigmen angeführt werden, von dem Marx in der angeführten Stelle der ersten Ausgabe des Kapitals spricht.[40]

[39] MEW, Bd. 20, a. a. O., S. 492.

[40] Wenn wir den Marxschen Gedanken z. B. auf ein so bedeutsames Schlußparadigma anwenden, wie es die Abtrennungsregel in den PM ist (in den PM, S. 94, in Form der primitiven Aussage ∗ 1.1 „Anything implied by a true elementary proposition is true"), können wir sagen: Durch die Regel der Abtrennung in den logischen Systemen von Typ der PM wird die spezifische, fragmentare logische Notwendigkeit ausgedrückt, daß in bestimmten Fällen der Kombination nebeneinander stehender, hinsichtlich der Wahrheit und der Unwahrheit fix bestimmter Aussagen das Ergebnis, bzw. das Postcedent (es ist dies eigentlich kein Konsequent) *stets* einen bestimmten Wahrheitswert haben wird, und zwar einen der beiden fixen Wahrheitswerte. Die F-logische notwendige Folgerung hat in

Die Logik als Theorie der Deduktion (in der Auffassung der *PM*) ist bekanntlich extensional. Das heißt, daß die Aussagenlogik nichts anderes ist als ein Kalkül der Wahrheitswert-Funktoren (der Wahrheitswert einer Aussagenverbindung hängt nur von den Wahrheitswerten der verknüpften Aussagen ab)[41] und daß in der Prädikatenlogik die Klassen (Mengen) letzten Endes durch ihre Extension, d. h. durch die Ansammlung der Elemente, charakterisiert werden. Demnach werden zwei Klassen als identisch angesehen, wenn sie dieselben und nur dieselben Elemente haben.[42]

Die dialektische Logik kann als Logik des Entwicklungsdenkens nicht auf eine rein extensionale Logik reduziert werden. Sie umfaßt die Untersuchung der nicht-extensionalen, also intensionalen logischen Beziehungen und Formen. Es wäre jedoch unhaltbar, diesen Sachverhalt zu vereinfachen und zu behaupten, daß jede nichtextensionale, also intensionale logische Theorie, eo ipso ein Bestandteil der dialektisch-logischen Theorie ist, daß also z. B. aus diesem Grunde die Modalitätenlogik (in der Auffassung von C. I. Lewis u. a.) „als ein Teilgebiet der dialektischen Logik anzusehen ist".

Die Modalitätenlogik ist zwar „unklassisch", da sie nicht uneingeschränkt extensional ist, wie die Logik der *PM*; in diesem Sinn ist sie intensional. Soweit sie jedoch die Aussagenverbindungen auf ein Aussagenkalkül reduziert, das die aussagenlogischen Konstanten nur als Funktoren der Abbildung der Wahrheitswerte versteht, bewegt sie sich in den Grenzen der Mengenontologie im Feld der abstrakten Identität, und es besteht keine Ursache, in ihr einen Teil der dialektischen Logik zu erblicken.[43] Das

dieser Form ihre primäre Basis in den Notwendigkeiten des Entwicklungsprozesses der realen Welt.

[41] EM, S. 17: „Wir können eine Funktion f(p) eine ‚Wahrheitsfunktion' nennen, wenn ihr Argument p eine Proposition ist und der Wahrheitswert von f(p) nur vom Wahrheitswert von p abhängt ... Die besonderen Funktionen von Propositionen, die wir zu konstruieren oder ausdrücklich zu betrachten haben werden, sind alle Wahrheitsfunktionen. Dieser Umstand steht in engem Zusammenhang mit einer Eigentümlichkeit der Mathematik, damit nämlich, daß es die Mathematik immer mehr mit Extensionalem als mit Intensionalem zu tun hat." (PM, S. 8; vgl. hierzu ferner EM, S. 35, 104 [PM S. 21—22, 72, 187].)

[42] Vgl. EM, S. 157f. (PM, S. XXXIX).

[43] Ebenso ist die intuitionistische Logik schon nicht mehr rein exten-

Kriterium dafür, ob eine bestimmte logische Konzeption in die Logik des Entwicklungsdenkens gehört oder nicht, ist, ob sie in den Grenzen des auf die abstrakte Identität gestützten Denkens verbleibt oder diese Grenzen in der Richtung auf ein entwicklungsmäßiges Denken hin überschreitet. Das Problem „extensional—intensional" stellt sich anders im Felde der Entwicklungs-Strukturen als im Felde der ahistorischen Strukturen. Es ist ein Unterschied, ob die Mengentheorie — explicite oder implicite — als absolute ontologische Basis angesehen oder als den Entwicklungs-Strukturen untergeordnetes Moment verstanden wird.

Aus dem bisherigen folgt auch, daß die Ansicht, die mathematische Logik vom Typ der *PM* reduziere die Inhalte der Aussage „S ist P" auf eine bloße quantitative Beziehung „$S \leqq p$", nicht geteilt werden kann. In der mathematischen Logik der *PM* geht es nicht um eine Zurückführung der Logik auf quantitative Beziehungen. Die restriktive Auffassung der Logik hängt vor allem davon ab, was oben als Grund der Enge des Horizonts der Logik (in der Auffassung der *PM*) bestimmt wurde. Der Ausdruck „das auf die abstrakte Identität gegründete Denken" ist ein weiterer Begriff als der des „bloß quantitativen Denkens".[44]

***

Aus dem Vorangehenden ist ersichtlich, daß die Beantwortung der Frage, was die materialistische Dialektik mit der Logik als Theorie der Deduktion zu tun hat, notwendigerweise die Fragen nach dem Wesen und den Entwicklungsformen des *rationalen Denkens* mit einschließt. Manche bürgerlichen Ideologen äußern

sional. Sie bleibt aber eine *mathematische* Logik und ist in gewissem Sinn mehr als die PM eine spezifisch mathematische Logik. Sie bedeutet gerade dadurch einen Schritt hin zur materialistischen Dialektik, zum Verständnis der Rolle der mathematischen Logik im dialektisch-materialistischen Typ der Rationalität, daß sie dem Bewußtwerden des engen Horizonts der formalen Logik nahekommt und sich ihren Verabsolutierungen gegenüber kritisch verhält.

[44] Mario Bunge verstellt sich z. B. den Weg zum Verständnis des Alphabets der Dialektik nicht dadurch, daß er die Reduktion „S ist P" auf ein bloß quantitatives „$S \leqq P$" vornehmen will, sondern dadurch, daß er kritiklos auf der Meinung beharrt, daß „both circumstances and events can somehow be reduced to things

die Meinung, die Annahme der Dialektik würde „zum Zusammenbruch der Wissenschaft und der Kritik, d. h. des rationalen Denkens“[45] führen. Sie ahnen nicht, daß es im Gegenteil gerade das Bedürfnis nach Aufrechterhaltung und Weiterentwicklung des wissenschaftlich objektiven, kritischen, d. h. rationalen Denkens auf der gegenwärtigen Stufe der Wissenschafts- und Gesellschaftsentwicklung ist, das immer dringender die Aneignung der materialistischen Dialektik als Fundament des neuen historischen Typs der Rationalität erfordert.

and their properties“ (M. Bunge, A Critical Examination of Dialectics, in: Ch. Perelman (ed.), Dialectics-Dialectique, The Hague 1975, S. 64).

[45] K. Popper, Was ist Dialektik?, in: Logik der Sozialwissenschaften, a. a. O., S. 272.

SECHSTES KAPITEL

Die dialektisch-materialistische und die phänomenologische Auffassung der sogenannten Krise der Wissenschaften

In den nächsten Kapiteln werden wir versuchen, die Charakterisierung des dialektisch-materialistischen Rationalitätstyps durch eine Auseinandersetzung mit einigen für unser Thema belangvollen Konzeptionen der spätbürgerlichen Philosophie zu bereichern.

Wir beginnen mit der Kritik einiger Aspekte von Edmund Husserls Konzeption der sogenannten Krise der Wissenschaften.[1]

1.

Husserls Ausgangspunkt ist die Feststellung, das „europäische" wissenschaftliche Denken befinde sich in einer Krise, die sich — trotz des technischen Fortschritts — insbesondere in dem Verlust seiner Fähigkeit zur Orientierung in lebenswichtigen Fragen äußert. Husserl hält die Krise der Wissenschaft für einen Ausdruck der radikalen Lebenskrise der „europäischen" Menschheit. Das „Europäertum" wird von Husserl nicht geographisch aufgefaßt (319). Es liegt auf der Hand, daß er darunter im wesentlichen die bürgerliche Kultur und das in den Grenzen und Horizonten der spätbürgerlichen Gesellschaft verbleibende Denken meint. Er gibt die Krise des bürgerlichen Denkens und der bürgerlichen Gesellschaft — wie es für alle im bürgerlichen Horizont verbleibenden Denker üblich und unvermeidlich ist — für eine Krise der Wissenschaft überhaupt und der Menschheit überhaupt aus.

Das Wesen und die Wurzel der Krise erblickt Husserl im „Ver-

[1] Edmund Husserl, Die Krisis der europäischen Wissenschaften und die transzendentale Phänomenologie, Hrsg. v. Walter Biemel, Haag 1962 (Husserliana VI). — Die Nummern in den Klammern verweisen auf die betreffenden Seiten dieser Ausgabe.

sagen einer rationalen Kultur" (347), im „Objektivismus, ausgestaltet in den verschiedenen Typen des Naturalismus, der Naturalisierung des Geistes" (339).[2] „Die europäische Krisis wurzelt in einem sich verirrenden Rationalismus", behauptet Husserl, und er fügt hinzu: „Aber nicht das darf die Meinung sein, als ob die Rationalität als solche von Übel oder im ganzen der menschlichen Existenz nur von untergeordneter Bedeutung sei" (337). Im Gegenteil: gerade der „Mangel an einer echten Rationalität auf allen Seiten ist die Quelle der unerträglich gewordenen Unklarheit des Menschen über seine eigene Existenz ..." (345). Da das wissenschaftliche Denken — nicht nur das naturwissenschaftliche, sondern auch das geisteswissenschaftliche — nach Husserl dem Objektivismus verfiel, ließ es den Menschen gerade in den lebenswichtigsten Fragen im Stich. Symptom der Krise ist auch „ein dunkles Ungenügen an der bisherigen Begründungsart der gesamten Wissenschaft" (201).

Ausweg aus der Krise soll die Überwindung des Objektivismus sein, und zwar, wie Husserl sagt, „in der einzig möglichen Weise" (346), d. h. durch die transzendentale Phänomenologie. Husserl charakterisiert sie in diesem Zusammenhang als „eine universelle und reine Geisteswissenschaft" (318), als Lehre, die sich mit dem Wesen des Geistes nur als Geist befaßt und „die dem unbedingt Allgemeinen der Geistigkeit nach Elementen und Gesetzen nachgeht; dies aber zu dem Zwecke, um von daher wissenschaftliche Erklärungen in einem absolut abschließenden Sinn zu gewinnen" (318). In der transzendentalen Phänomenologie gelange der Philosoph „zu einem klaren Verständnis seiner selbst als der urquellend fungierenden Subjektivität" (102). Indem sie das grundlegende Motiv der Philosophie Kants übernimmt, geht die transzendentale Phänomenologie „auf die erkennende Subjektivität als Urstätte aller objektiven Sinnbildungen und Seinsgeltungen zurück" (102). „Ihr (den Transzendentalphilosophie — J. Z.) Ursprung ist eine ‚Kopernikanische Drehung', nämlich eine prinzipielle Abwendung von der Begründungsart der naiv-objektivistischen Wissenschaft. In ihrer Urgestalt, als Keim tritt sie, wie

[2] In einer handschriftlichen Passage, die die Editoren nicht in den eigentlichen Text übernahmen, drückt sich Husserl noch eindeutiger aus: „Die Krankheit hat ihren Grund in dem in allen Formen, Formen eines krassen Materialismus oder etwas feineren psychophysischen Naturalismus, herrschenden Objektivismus" (550).

wir wissen, in den ersten der *Cartesianischen Meditationen* auf, als Versuch einer absolut subjektivistischen Begründung der Philosophie vom apodiktischen ego aus, aber unklar, vieldeutig und sogleich schon ihren echten Sinn verkehrend. Die neue Etappe, die Reaktion *Berkeleys* und *Humes* gegen die philosophische Naivität der mathematisch-naturwissenschaftlichen Exaktheit, führte noch nicht zum echten Sinn der geforderten Kopernikanischen Drehung, und wieder nicht der neue Anfang Kants, eine systematische Transzendentalphilosophie in streng wissenschaftlichem Geiste für immer zu begründen. Einen wirklichen Anfang, gewonnen durch eine radikale Ablösung von allen wissenschaftlichen und vorwissenschaftlichen Traditionen, hat *Kant* nicht erreicht. Er dringt nicht durch zu der absoluten, alles Seiende nach Sinn und Geltung konstituierenden Subjektivität und der Methode, sie in ihrer Apodiktizität zu erreichen, zu befragen und apodiktisch auszulegen“ (202). Erst die transzendentale Phänomenologie ist nach dem Selbstverständnis Husserls eine Philosophie, die „zur absoluten Subjektivität vordringt“, und ist daher in den Augen ihres Autors berufen, die größte existenzielle Verwandlung der Menschheit auszulösen (140). Sie beherrscht und expliziert jene Form, die einzig und allein eine wirklich wissenschaftliche Philosophie haben kann (195). Jede andere als die phänomenologische Überwindung des Objektivismus ist nach Husserl schon im voraus abzulehnen.

Wir stellen uns hier nicht die Aufgabe, die Konzeption Husserls bis in alle Einzelheiten zu interpretieren und zu kritisieren.[3] Es wäre leicht, den zutiefst idealistischen Charakter dieser Konzeption festzustellen. Schwieriger jedoch, aber im Zusammenhang mit unserem Hauptthema fruchtbarer, wird es wohl auch bei dieser Frage sein, dem methodologischen Hinweis Lenins Folge zu leisten, wonach „der philosophische Idealismus ... *nur* Unsinn

[3] Aus der marxistisch-leninistischen Literatur, die die Philosophie Husserls eingehend kritisch analysiert, wäre zu verweisen z. B. auf das Buch von K. S. Bakradze, Očerki po istorii novješei i sovremenoi buržuaznoi filosofii, Tbilisi 1960, S. 410–529, oder auf das Buch von N. V. Motrošilova, Principy i protivorečija fenomenologičeskoj filosofii, Moskau 1968. Vgl. auch die einschlägigen Schlagwörter in der sowjetischen Philosophischen Enzyklopädie, bes. das Schlagwort „Phänomenologie“ im Bd. 5, Moskau 1970, S. 314–315, sowie das Buch von Z. M. Kakabadze, Problema ekzistencialnogo krizisa i transcendentalnaja fenomenologija Gusserla, Tbilissi 1966.

vom Standpunkt des groben, einfachen, metaphysischen Materialismus (aus ist). Dagegen ist der philosophische Idealismus vom Standpunkt des *dialektischen* Materialismus eine *einseitige*, übertriebene, überschwengliche (Dietzgen) Entwicklung (Aufbauschen, Aufblähen) eines der Züge, einer der Seiten, der Grenzen der Erkenntnis zu einem von der Materie, von der Natur *losgelösten*, vergotteten Absolutum."[4]

In der ideologisch verzerrten Kritik des Objektivismus kommt bei Husserl doch das wirkliche historische Bedürfnis des Übergangs zu einem neuen Typ von Wissenschaftlichkeit zum Ausdruck. Es geht um das historische Bedürfnis des Übergangs zu einem solchen Typ von Wissenschaftlichkeit, der gemeinsam mit der rationellen Beherrschung der Naturkräfte auch eine im wesentlichen rationelle Orientierung in den Bewegungen der menschlichen Vergesellschaftung ermöglichen würde. Dieses Bedürfnis ergibt sich nicht nur aus der relativ immanenten theoretischen Entwicklung, sondern ist in der gesellschaftlichen Realität verwurzelt, ist grundlegendes Moment der Epoche des revolutionären Übergangs von der kapitalistischen zur kommunistischen Ordnung.

Mit seiner Kritik des Objektivismus reagiert Husserl vom Standpunkt der bürgerlichen Philosophie aus auf die historische Notwendigkeit einer gegenüber dem Newtonschen Rationalitätstyp neuen Fundierung des wissenschaftlichen Denkens durch eine Konzeption, die das Denken, das Problem der Wahrheit u. ä. in einer gesellschaftlichen praktisch-historischen Dimension auffaßt und in diesem Sinne eine Überwindung des Objektivismus darstellt.

Die materialistische Dialektik stimmt mit Husserl darin überein, daß der Objektivismus unfähig ist, die leistende Subjektivität (68) und — so fügen wir hinzu — überhaupt die dialektische Entwicklung zu erfassen.

Es ist Husserl auch darin zuzustimmen, daß der Positivismus die Idee der Wissenschaft verengte und einschränkte (6) und daß die Idee einer universellen Wissenschaft more geometrico irrig ist (206). Nahe liegt uns ebenso Husserls Betonung des Zusammenhangs von Philosophie und Spezialwissenschaften und seine scharfe Kritik des vermeintlich unphilosophischen Charakters des Neopositivismus (6, 144 u. a.). Auch für uns ist der deklarierte unphilosophische Charakter des Neopositivismus nur ein ver-

[4] W. I. Lenin, Philosophische Hefte, in: LW, Bd. 38, a. a. O., S. 344.

kapptes Philosophieren bestimmter Art. Sympathisch ist das Streben Husserls, nicht zuzugeben, daß das rationelle wissenschaftliche Erkennen auf die Techné abgesunken sei oder durch irrationalistische Mythen ersetzt werden könnte (201).

Die materialistische Dialektik kritisiert aber den Objektivismus so, daß die *materialistische* Weltanschauung durch die Dialektik vertieft wird, während Husserl nicht nur den Objektivismus des metaphysischen Materialismus, bzw. des Dualismus, sondern gemeinsam damit den Materialismus überhaupt kritisiert (70, 103, 339 u. a.). Husserls Alternative von den zwei einander ausschließenden Konzeptionen der Wissenschaft kann nicht akzeptiert werden. Er macht folgende Gegenüberstellung auf: *entweder* objektivistische Wissenschaft auf dem Boden einer im voraus gegebenen Welt *oder* transzendentale Phänomenologie „auf dem Boden der absoluten, transzendentalen Subjektivität" (212).

Zwei Generationen vor Husserl ist indessen die dialektisch-materialistische Konzeption der Wissenschaft entstanden, die den Objektivismus überwindet, ohne in subjektivistischen Idealismus zu verfallen. Sie ist eine wesentliche Erweiterung der objektiven, materialistischen Weltanschauung, in ihr lebt in moderner, umgearbeiteter Form die Idee der Griechen und der Renaissance von der objektiv wahren, im Prinzip allumfassenden rationellen, d. h. begründeten und überprüfbaren Erkenntnis der Welt und des Menschen wieder auf.

Zum Unterschied von Husserl, der die „leistende Subjektivität" eng und idealistisch auffaßt, kommt der dialektische Materialismus zu einer historischen, gesellschaftlichen, materialistischen Auffassung von ihr. Die individuelle gedankliche, künstlerische und materiell-praktische schöpferische Tätigkeit ist ein Moment des gesamtgesellschaftlichen Prozesses, dessen Grundschicht die materielle Produktionstätigkeit ist. Husserl reduziert die schöpferische Subjektivität im wesentlichen auf ein schöpferisches Ego, das als sogenannte transzendentale Subjektivität kostitutiv ist. Entsprechend reduziert er die Gesellschaft auf die Intersubjektivität, die Geschichte auf die Zeitlichkeit (bzw. die Erlebnisart der Geschichtlichkeit) und die Wahrheit auf die Gültigkeit.

Husserls Verteidigung der Fähigkeit der menschlichen Vernunft, sich zu einer universellen und allgemein gültigen wissenschaftlichen Erkenntnis durchzuarbeiten, liegt uns nahe — das ist seine Verteidigung der menschlichen Vernunft gegen die bürgerliche Skepsis, gegen ihren Relativismus oder individualistischen Subjektivismus.

Verständlich ist auch Husserls Sehnsucht nach einer universellen Philosophie als einer lebenswichtigen Wissenschaft, die fähig wäre, „die ganze menschliche Umwelt, das politische, das soziale Dasein der Menschheit aus freier Vernunft, aus den Einsichten einer universellen Philosophie neu zu gestalten“ (6). Diese im Rahmen der bürgerlichen Gesellschaft undurchführbare Idee bis zum Ende zu durchdenken, das würde bedeuten, den bürgerlichen Horizont zu überschreiten. Einer der theoretischen Gründe dafür, warum Husserl das nicht tun kann, ist seine metaphysische, undialektische Auffassung der Vernunft und der Universalität der Vernunft. In ihr wird das Absolute, Ewige, Unbedingte dem Relativen, Vergänglichen, Bedingten starr entgegengestellt und „als die wahre und echte, die vernünftige Erkenntnis“ nur das angesehen, was sich auf die „absoluten“, „ewigen“, „unbedingt“ gültigen Ideen und Ideale bezieht (7).

Dasselbe Charakteristikum zeigt sich auch im Streben Husslers nach einer „in sich absolut ruhenden Philosophie“ (117). Das Unverständnis der Dialektik des Absoluten und Relativen, das in diesem Falle unter anderem ein Unverständnis für die gesellschaftliche und historische Bindung der Philosophie bedeutet, ist einer der Gründe, weshalb Husslers Anspruch, es sei ihm gelungen, das Fragen nach den Fundamenten der Wissenschaft zu radikalisieren, zuletzt doch eine Selbsttäuschung ist.

Die gewichtige Rolle der Hegelschen Konzeption des Widerspruchs auf dem historischen Weg von der Rationalität der mathematischen Naturwissenschaft der Neuzeit zu dem Rationalitätstyp der Wissenschaften und der gesellschaftlichen Emanzipationsbewegungen der Moderne bleibt in der Phiolosophie von Husserl unverstanden. Dies ändert jedoch nichts an der Tatsache, daß zahlreiche Ideen Husslers einen dialektischen Inhalt zum Ausdruck bringen. So verstehen wir z. B. die Idee, daß wir „ständig aktiv auf dem Grunde der passiven Welthabe“ (110) sind, die Idee von der notwendigen noetisch-neomatischen Struktur aller Meinungsprozesse oder die Ansicht, daß das „kinästhetische Stillhalten ein Modus des ‚Ich tue‘ ist“ (108).

2.

Ähnlich wie Husserls Kritik des Objektivismus reagiert auch seine Idee von der Fundierung des wissenschaftlichen Denkens durch die philosophische Theorie der „Lebenswelt“ auf ein wirkliches gesellschaftliches Problem und theoretisches Bedürfnis. In ihrem rationellen Kern scheint uns Husserls Idee der „Lebenswelt“ als Fundament der Theorie der Wissenschaft eigentlich das zu meinen, was bereits von Marx und Engels in den *Thesen über Feuerbach*, in der *Deutschen Ideologie* und in anderen Werken zum Ausdruck gebracht wurde, wo die theoretische Erkenntnis als Moment des gesellschaftlichen Lebens aufgefaßt wird, das wiederum wesentlich praktisch ist. Die transzendentalphänomenologische Auffassung der „Lebenswelt“ deutet den Gedanken von der Lebenspraxis als Grundlage jeglicher Erkenntnis allerdings idealistisch.

Obgleich Husserl in den Kapiteln von der Lebenswelt manchmal wie ein Materialist spricht (z. B. in § 33), zeigt sich gleich darauf, daß er die Wahrheit der uns in den Erlebnissen der natürlichen Einstellung gegebenen Lebenswelt in einer transzendentalphänomenologischen Aufhellung zu finden meint, in der die Welt idealistisch als Produktion der transzendentalen Subjektivität betrachtet wird. Die phänomenologische Untersuchung, die methodisch das Prinzip der sogenannten phänomenologischen Reduktion anwendet, verwandelt die ganze Wirklichkeit der Lebenswelt einschließlich der materiellen Praxis in ein Phänomen (155), also in eine von der Subjektivität konstituierte bloße Bedeutungsstruktur. Dabei wird behauptet, dieses durch die transzendentale Phänomenologie enthüllte Sein sei primär, grundlegend, es begründe in letzter Instanz alle weiteren Seinsformen, auch jene, die uns in der natürlichen Einstellung als primär erscheinen. Damit hängt auch die Doppelbedeutung einiger Ausdrücke Husserls zusammen, wie z. B. die der „vorgegebenen“ Lebenswelt; diese Doppelbedeutung spielt manchmal mit der Möglichkeit einer materialistischen wie auch idealistischen Auffassung.

Im § 38 spricht Husserl von zwei seiner Meinung nach grundlegenden Arten, wie man die Lebenswelt zum Thema der Untersuchung machen kann. Die erste ist die „naiv-natürliche Geradehineinstellung“ und die zweite die transzendental-phänomenologische Einstellung, d. h. die „kosequent reflexive Einstellung auf das Wie der subjektiven Gegebenheitsweise der Lebenswelt und der lebensweltlichen Objekte“ (146). Husserl übersieht, daß seit der Entstehung der materialistischen Dialektik eine andere grundlegende Art existiert, in der man die Lebenswelt thematisieren und den Zusammenhang der wissenschaftlichen Theorien mit den vorwissenschaftlichen und außerwissenschaftlichen Formen des gesellschaftlichen praktischen Seins auffassen kann. Die von Marx und Engels ausgearbeitete Kritik der bürgerlichen politischen Ökonomie war in dieser Hinsicht bahnbrechend. Gemeinsam ist der naiv-natürlichen und der dialektisch-materialistischen Einstellung das *materialistische* Element: die Anerkennung einer unabhängigen und primären Existenz der materiellen Welt außerhalb unseres Bewußtseins sowie die Anerkennung des Widerspiegelungscharakters des Denkens. Was im ersten Fall eine zwar richtige, aber naive, spontan aufgenommene Überzeugung ist, erweist sich im zweiten Fall als Ergebnis einer radikalen kritischen Reflexion, die sich auf die Erfahrung der ganzen bisherigen Praxis und Wissenschaft stützen will. Im Vergleich mit dem radikal kritischen Charakter des dialektischen Materialismus ist die Auffassung Husserls nur *ungenügend* kritisch, da sie in die traditionelle idealistische Illusion vom Primat des Geistes über die Materie verfällt.[5] Der dialektische Materialismus lehnt nicht nur die idealistische Illusion ab, sondern erklärt auch, weshalb und wie sie historisch entsteht und wie sie die Macht eines nicht nur durch die Kraft theoretischer Argumente aufzuhebenden, weil gerade auch durch die Kräfte der realen „Lebenswelt" aufrechterhaltenen Vorurteils annimmt. Die Aspiration auf eine Radikalisierung der Untersuchung der Grundlagen der Wissenschaft durch die Methode der transzendental-phänomenologischen Reduktion ist durchaus unkritisch; Husserl will uns davon überzeugen, daß wir dann am besten schwimmen können, wenn wir uns das Betreten des Wassers verbieten.

In der dialektisch-materialistischen Sicht ist die Lebenswelt ein Prozeß der Koinzidenz der Änderung von Lebensbedingungen und der Selbstveränderung, wobei die Lebensbedingungen anorganisch, naturhaft organisch und kulturell sind. Die Lebenswelt ist keine Schöpfung der transzendentalen Subjektivität, sondern ein Zusammenhang, der ebenso natürliche (natürlich-materielle, anorganische und organische) sowie gesellschaftliche, kulturelle, menschlich-historische Dimensionen hat. Das Leben ist untrennbar

[5] In der „Krisis der europäischen Wissenschaften" bekennt sich Husserl manchmal zu idealistischen Vorurteilen mit geradezu alttestamentarisch prophetischem Eifer: „Der Geist und sogar nur der Geist ist in sich selbst und für sich selbst seiend, ist eigenständig ... Was aber die Natur anlangt, in ihrer naturwissenschaftlichen Wahrheit, so ist sie nur scheinbar eigenständig ..." (345).

in die leblose Materie eingebettet. Das menschliche Leben, d. h. das Leben menschlicher Individuen in der Gesellschaft, ist untrennbar in die leblose und lebendige Natur eingebettet. Die grundlegende Komponente der menschlichen Lebenswelt ist die materielle Produktionspraxis, die sich in der historischen Dialektik der Produktivkräfte und der Produktionsverhältnisse bewegt. Die Untersuchung der Grundlagen der Wissenschaft hinsichtlich der Rationalitätstypen ist ohne die Untersuchung der Grundformen der Lebenspraxis nicht möglich, oder doch nur teilweise möglich, ähnlich wie die Erforschung der wissenschaftlichen Sprache die Erforschung der Alltagssprache zur Voraussetzung hat.

Obgleich der Rahmen der phänomenologischen Konzeption der Lebenswelt und der Reduktionsmethode wesentlich idealistisch ist, kann man einige Frageformen der Analysen Husserls als durchaus bahnbrechend einschätzen, die sich anregend in der Ausarbeitung der dialektisch-materialistischen Konzeption verwerten lassen.

In einigen seiner späten Arbeiten — wie z. B. in dem Fragment *Die Frage nach dem Ursprung der Geometrie* (365) — betont Husserl den historischen, genetischen Aspekt der phänomenologischen Untersuchungen und nähert sich damit dem Prinzip der Einheit des Historischen und Logischen.[6] Auch wenn wir nicht mit der übertrieben optimistischen Bewertung Tran-Duc-Thaos übereinstimmen können, woriach sich der späte Husserl bis zur Schwelle des dialektischen Materialismus durchgerungen haben sollte,[7] erblicken wir in der Logik der Entwicklung Husserls hin zur historischen und gesellschaftlichen Auffassung der Fragen der Grundlagen der Wissenschaft ein bedeutsames Symptom für die Unhaltbarkeit metaphysischer und idealistischer Konzeptionen bei jedem heute ernstgemeinten Versuch einer Klärung der logisch-gnoseologischen Fundamente der Wissenschaft.

Ein wichtiger Beitrag zu einer tiefergehenden Klärung einiger Belange der Erfahrung und des begrifflichen Denkens scheinen uns Husserls Analysen des *Zeiterlebnisses* zu sein. Wenn wir ihre idealistische Ontologisierung (nicht erst bei Heidegger, sondern teilweise auch schon bei Husserl) ablehnen[8] und sie in der beschei-

[6] „Das Ineinander von historischer und durch sie motivierter systematischer Untersuchung“ (364).

[7] Tran-Duc-Thao, Phénoménologie et Matérialisme Dialectique, Paris 1951, S. 238.

[8] Treffend charakterisiert N. V. Motrošilova die phänomenologische

deneren ursprünglichen Form von Untersuchungen darüber nehmen, wie wir uns der Zeit *bewußt werden* und wie wir sie *erleben* und welche Zeitcharakteristiken zur Wahrnehmung und zum Denken gehören, dann finden wir in ihnen viel Anregendes und Verwertbares für die dialektisch-materialistische Theorie der Erfahrung bzw. für die Intelligenzpsychologie. Die Klärung der Zeitlichkeit des Bewußtseins ist wichtig für die Bestimmung der Eigenart der gedanklichen Bewegung als einer reproduzierenden und antizipierenden Widerspiegelung der materiellen Bewegung.

Husserls Kardinalproblem, nämlich der Erforschung der verschiedenen Arten der Gegebenheit der Dinge und Erscheinungen *in der Einheit der noetisch-noematischen Struktur* (in der Einheit des Meinens als Akt und des Gemeinten als Inhalt, als Gegenstand der Meinung), vertieft zweifellos die bisherigen Ansichten über die erfahrungsmäßigen Grundlagen des Wissens und den Charakter des Erfahrungswissens. Die Erforschung „der ständig für uns im strömenden Wandel der Gegebenheitsweisen seienden Welt“ (115) führt über den idealistischen Rahmen hinaus zu einigen fruchtbringenden Analysen davon, wie uns Dinge und Erscheinungen in der Erfahrung gegeben sind. Dabei reduziert Husserl die Erfahrung durchaus nicht auf die Sinneswahrnehmung in der kontemplativen Einstellung. Grundlegend ist für ihn die Sinneswahrnehmung in der aktiven Lebenseinstellung mit eminenter Rolle der leiblichen Bewegung und der Leibfunktionen. Die Eigenart des Erlebens der Allgemeinheiten wird zusammen mit der lebendigen und der Erinnerungsanschauung untersucht. Dadurch entsteht ein Ausblick auf die Überwindung der Trennung von Vernunft und Anschauung, an der der alte Rationalismus kränkelte. In Husserls Forderung, die logischen Formen in der Einheit von Bedeutung und Erleben zu untersuchen, findet das dialektische Prinzip der Einheit des Logischen und des Historischen einen objektiven Ausdruck und eine partielle Durchführung.

* * *

Methode auf diesem Gebiet: „Besondere Eigenschaften des Bewußtseins werden unmittelbar in die Struktur des Seins gesetzt und dank dieses Umstands zur Würde universeller Eigenschaften des Bewußtseins erhoben. Dann verwandeln sich die Charakteristiken des phänomenologischen Bewußtseins in ‚ontologische‘ Eigenschaften, in Eigenschaften des Seins an sich.“ (N. V. Motrošilova, Principy i protivorečija fenomenologičeskoj filosofii, Moskau 1968, S. 121 [Übs. – J. Z.].)

Zusammenfassend können wir sagen, daß die Husserlsche Konzeption der sogenannten Krise der Wissenschaften für unser Thema vor allem darin wichtig ist, daß sie den Objektivismus kritisiert und das Bedürfnis einer neuen „Begründungsart der gesamten Wissenschaft" (201) ausspricht. Was Husserl aber an die Stelle der objektivistischen Grundlegung der Wissenschaft gesetzt wissen will, ist der Versuch einer extrem subjektivistischen Fundierung des Wissens. Man kann diese Bewegung in der Polarität von Subjektivismus und Objektivismus nicht für einen Zufall halten, sondern muß sie als einen Einzelfall von etwas Allgemeinerem ansehen, das in der bürgerlichen Epoche für die Auffassung der logisch-ontologischen Grundlagen des Wissens notwendig und gesetzmäßig ist. Dazu werden wir im Schlußkapitel zurückkehren.

SIEBENTES KAPITEL

Heideggers angebliche Überwindung der Metaphysik

Martin Heideggers Kritik der Metaphysik wird uns in diesem Kapitel deshalb interessieren, weil ihr wesentlicher Aspekt eine Kritik alles theoretischen Denkens ist, das sich in dem abstrakten Gegensatz von Subjekt und Objekt, von Denken und Sein, und daher auch in der sich gegenseitig aufrechterhaltenden Polarität von Subjektivismus und Objektivismus bewegt. In diesem Sinn ist Heidegger ein Denker, der bemüht ist, vom Standpunkt der spätbürgerlichen Philosophie aus eine eigene Antwort auf die Fragen zu finden, die die Veränderungen in den logisch-ontologischen Grundlagen des theoretischen Denkens aufwerfen.

Es gilt zunächst darzulegen, wie Heidegger das Wesen des metaphysischen Denkens definiert und wie er jenes „andere" oder „künftige" (oder „eigentliche", „wesentliche") Denken charakterisiert, das er als Überwindung der Metaphysik ansieht.

Nach Heidegger ist die Metaphysik überall dort, wo das Seiende als Objekt, als vor das Subjekt gestellt und vor dem Subjekt stehend aufgefaßt wird. Metaphysik ist die „Umdeutung des Seins in die Gegenständigkeit und Vorgestelltheit"[1]. Das metaphysische Denken ist also ein „vor-stellendes" Denken, ein „gegen-

[1] Martin Heidegger, Überwindung der Metaphysik, in: Vorträge und Aufsätze, Pfullingen 1954, S. 75. — Ähnlich in der Schrift: Der Satz vom Grund, Pfullingen 1957, S. 99: „Das Seiende erscheint als Gegenstand. Das Sein kommt als die Gegenständigkeit der Gegenstände zum Scheinen. Die Gegenständigkeit der Gegenstände, die Objektivität der Objekte, gelangt in die Wechselbeziehung zur Subjektivität der Subjekte. Sein als Gegenständigkeit der Gegenstände wird in den Bezug zum Vorstellen des Subjektes eingespannt. Dieser Bezug zwischen Subjekt und Objekt gilt fortan als der Bereich, worin allein über das Seiende hinsichtlich seines Seins entschieden wird, über das Sein nämlich je und je nur als Gegenständigkeit des Gegenstandes, aber nie über das Sein als

ständiges" Denken. Metaphysik ist „die maßgebende Herrschaft der Scheidung ‚Sein und Denken' im abendländischen Denken"[2].

Das metaphysische gegenständliche Denken erreicht nach Heidegger seinen Höhepunkt in der Neuzeit. So ist besonders die neuzeitliche Wissenschaft, nämlich die mathematische Naturwissenschaft, wie sie im 17. Jahrhundert entsteht und sich zusammen mit der technischen Applikation in der Maschinentechnik entwickelt, nach Heidegger eine ausgeprägte Verkörperung des metaphysischen Denkens. „Die Maschinentechnik bleibt der bis jetzt sichtbarste Ausläufer des Wesens der neuzeitlichen Technik, das mit dem Wesen der neuzeitlichen Metaphysik identisch ist."[3] Auf die Frage, welche metaphysische Grundlage, welche Auffassung des Seienden und der Wahrheit in der neuzeitlichen Wissenschaft enthalten ist, antwortet Heidegger: „Die Forschung verfügt über das Seiende, wenn es dieses entweder in seinem künftigen Verlauf vorausberechnen oder als Vergangenes nachrechnen kann ... Nur was dergestalt Gegenstand wird, *ist*, gilt als seiend ... Erstmals wird das Seiende als Gegenständlichkeit des Vorstellens und die Wahrheit als Gewißheit des Vorstellens in der Metaphysik des Descartes bestimmt ... Die gesamte neuzeitliche Metaphysik, Nietzsche miteingeschlossen, hält sich in der von Descartes angebahnten Auslegung des Seienden und der Wahrheit."[4] Diese metaphysische Einstellung bestimmt für Heidegger nicht nur das Wesen der Wissenschaft, sondern der ganzen Neuzeit, denn er faßt die Beziehung zwischen Metaphysik und geschichtlicher bzw. gesellschaftlicher Epoche im Geiste des traditionellen historischen

solches ... Insofern das Sein in der Gegenständigkeit der Gegenstände erscheint, überantwortet es seine Bestimmbarkeit dem Vorstellen im Sinne der reflektierenden Repräsentation. Diese stellt das Seiende dem Vorstellen als Gegenstand zu. Damit öffnet sich erst der Bereich für eine eigens eingerichtete Zustellbarkeit der Gründe des Seienden. So ergibt sich erst die Möglichkeit dessen, was wir moderne Naturwissenschaft und moderne Technik nennen."

[2] M. Heidegger, Einführung in die Metaphysik, Tübingen 1966, S. 88f.: „Das Denken setzt sich dem Sein dergestalt gegenüber, daß dieses ihm vor-gestellt wird und demzufolge wie ein Gegenstand entgegensteht ... Wir müssen in der scheinbar gleichgültigen Scheidung *Sein und Denken* jene Grundstellung des Geistes des Abendlandes erkennen, der unser eigentlicher Angriff gilt."

[3] M. Heidegger, Die Zeit des Weltbildes (1938), in: M. Heidegger, Holzwege, Frankfurt a. M. 1963, S. 69.

[4] Ebenda, S. 80.

Idealismus auf. „Die Metaphysik begründet ein Zeitalter, indem sie ihm durch eine bestimmte Auslegung des Seienden und durch eine bestimmte Auffassung der Wahrheit den Grund seiner Wesensgestalt gibt. Dieser Grund durchherrscht alle Erscheinungen, die das Zeitalter auszeichnen.“[5]

Anders als Husserl, für den nur der Objektivismus der neuzeitlichen Naturwissenschaft die Quelle der von ihm gesehenen „Krise der europäischen Wissenschaften“ und des „europäischen Menschseins“ ist, sieht der späte Heidegger die Situation komplizierter: „Das Wesentliche ist hier das notwendige Wechselspiel zwischen Subjektivismus und Objektivismus.“[6]

Descartes und Leibniz sprechen zwar am deutlichsten die grundlegende metaphysische Einstellung aus, aber das metaphysische („vor-stellende“) Denken nach Heidegger beginnt nicht erst mit Descartes. Seine Anfänge reichen bis zu Plato und Aristoteles zurück.[7] „Die metaphysische Grundstellung Descartes' ist geschichtlich von der platonisch-aristotelischen Metaphysik getragen und bewegt sich trotz des neuen Beginns in derselben Frage: Was ist das Seiende?“[8]

Um klarzustellen, daß und wie Heideggers Auffassung des „anderen“, die Metaphysik überwindenden Denkens eine reaktionär-romantische *Mystifikation* der Kritik des anschauenden

[5] Ebenda, S. 69.

[6] Ebenda, S. 81: „Gewiß hat die Neuzeit im Gefolge der Befreiung des Menschen einen Subjektivismus und Individualismus heraufgeführt. Aber ebenso gewiß bleibt, daß kein Zeitalter vor ihr einen vergleichbaren Objektivismus geschaffen hat und daß in keinem Zeitalter vorher das Nichtindividuelle in der Gestalt des Kollektiven zur Geltung kam.“ — Damit hängt das zusammen, was Heidegger als Grundvorgang der neuzeitlichen Geschichte bezeichnet: „Je umfassender nämlich und durchgreifender die Welt als eroberte zur Verfügung steht, je objektiver das Objekt erscheint, um so subjektiver, d. h. vordringlicher erhebt sich das Subjectum, um so unaufhaltsamer wandelt sich die Welt-Betrachtung und Welt-Lehre zu einer Lehre vom Menschen, zur Anthropologie.“ (Ebenda, S. 85f.)

[7] M. Heidegger, Über den Humanismus, Frankfurt a. M. 1947, S. 6: „Wir müssen uns frei machen von der technischen Interpretation des Denkens. Deren Anfänge reichen bis zu Plato und Aristoteles zurück. Das Denken selbst gilt dort als eine TECHNE, das Verfahren des Überlegens im Dienste des Tuns und Machens.“

[8] M. Heidegger, Holzwege, a. a. O., S. 91f.

Denkens und der Polarität von Objektivismus-Subjektivismus ist, müssen wir zunächst einige weitere Bestimmungen der Heideggerschen Kritik der Metaphysik betrachten. Es ist dies vor allem der Begriff der sogenannten ontologischen Differenz.

Wesentliches Moment der Heideggerschen Kritik der Metaphysik ist nämlich die Ansicht, daß „der Metaphysik während ihrer Geschichte von Anaximander bis zu Nietzsche die Wahrheit des Seins verborgen bleibt“[9]. Die Metaphysik fragt nicht nach der Wahrheit des Seins, weil sie an das Sein nur so denkt, daß sie das Seiende als das Seiende sich vorstellt. Sie nennt das Sein und meint das Seiende als Seiendes, gegebenenfalls das Seiende im Ganzen. Die Metaphysik vergißt die Wahrheit des Seins und ist Ursache für das Vergessen der Frage nach der Wahrheit des Seins, daher bevorzugt sie das Seiende vor dem Sein. Die Aussagen der Metaphysik bewegen sich von ihrem Anfang bis zu ihrem Ende in einem ununterbrochenen Verwechseln von Seiendem und Sein.[10] Diese Verwechselung ist für Heidegger kein bloßer Fehler, sondern ein notwendiges Geschick der ganzen langen Epoche, die nun endet. Die Metaphysik werde durch das Denken der Wahrheit des Seins überwunden.

Unter dieser Wortmagie verbirgt sich im wesentlichen ein einfacher Inhalt.

„Das Seiende“ bedeutet hier „das gegenständig Wirkliche“,[11] d. h. alles, was die ontologische Struktur einer anorganischen Sache oder eines organischen Lebewesens hat, einschließlich des Menschen, sofern er als animal rationale aufgefaßt wird. Da die neuzeitliche Metaphysik nach Heidegger die gesamte gegenständige Wirklichkeit auf die Berechenbarkeit reduziert, bedeutet

[9] M. Heidegger, Was ist Metaphysik?, Frankfurt a. M. 1955, S. 11. — Es handelt sich um eine nachträgliche Einleitung aus dem Jahre 1949 zu dem Vortrag von 1929.

[10] Ebenda, S. 11: „Allein die Metaphysik antwortet nirgends auf die Frage nach der Wahrheit des Seins, weil sie diese Frage nie fragt. Sie fragt nicht, weil sie das Sein nur denkt, indem sie das Seiende als das Seiende vorstellt. Sie meint das Seiende im Ganzen und spricht vom Sein. Sie nennt das Sein und meint das Seiende als das Seiende. Das Aussagen der Metaphysik bewegt sich von ihrem Beginn bis in ihre Vollendung auf eine seltsame Weise in einer durchgängigen Verwechslung von Seiendem und Sein.“

[11] M. Heidegger, Überwindung der Metaphysik, in: Vorträge und Aufsätze, a. a. O., S. 78.

dies, daß das ausschließlich mit dem Seienden als Seienden befaßte Denken ausschließlich rechnendes Denken und der Mensch für dieses (metaphysische) Denken lediglich ein „rechnendes Lebewesen“ ist.

Die „Wahrheit des Seins“ bedeutet hier im wesentlichen das existenzielle Menschsein, das existenzialistisch verstandene Menschenleben, eingebettet in die Welt, die als untrennbares Geviert von Himmel und Erde, der Göttlichen und der Sterblichen verstanden wird.[12]

Die Wahrheit des Seins oder das Sein in der Wahrheit enthüllt sich (und entsteht in gewissem Maße) nach Heidegger in jedem „anderen“ Denken, das er als „Überwindung der Metaphysik“ proklamiert.

Was ist Wesen und Inhalt dieses „anderen“, die Metaphysik angeblich überwindenden Heideggerschen Denkens?

Eine Schlüsselstellung nimmt in ihm die Auffassung des Menschseins als *Existenz*[13] (als eines sterblichen Seins, eines in der Sorge, in den Möglichkeiten seines Daseins sich immer wieder zur existenziellen Authentizität entscheidenden Lebens) ein. Die Wahrheit des Seins ist nicht identisch mit dem existenziellen Wesen des menschlichen Seins, ist aber andererseits damit untrennbar verbunden. Wo das menschliche Sein nicht existenziell aufgefaßt wird und wo deshalb auch die Einbettung des menschlichen Seins in die Welt nicht „wahrhaftig“ aufgefaßt werden kann, dort haben wir nach Heidegger ein Leben in der „Seinsvergessenheit“ und ein Denken vor uns, das „in der Seinsvergessenheit verharrt“[14].

Schon daraus geht hervor, in welch wesentlichem Maße die Heideggersche Konzeption von der Überwindung der Metaphysik

[12] Vgl. M. Heidegger, Vorträge und Aufsätze, a. a. O., S. 176.

[13] Vgl. M. Heidegger, Was ist Metaphysik?, a. a. O., S. 14f.: „Der Name ‚Existenz‘ ist in *Sein und Zeit* ausschließlich als Bezeichnung des Seins des Menschen gebraucht. Von der recht gedachten ‚Existenz‘ her läßt sich das ‚Wesen‘ des Daseins denken, in dessen Offenheit das Sein selbst sich bekundet und verbirgt, gewährt und entzieht, ohne daß sich diese Wahrheit des Seins im Dasein erschöpft oder gar mit ihm sich in eins setzen läßt nach der Art des metaphysischen Satzes: alle Objektivität ist als solche Subjektivität.“

[14] Das ist der Sinn der Behauptung Heideggers, daß „die Metaphysik in der Seinsvergessenheit verharrt“. (Über den Humanismus, a. a. O., S. 31.)

im Banne der ursprünglichen Kritik der philosophischen Tradition durch Kierkegaard steht.

Heidegger knüpft an die Unterscheidung des subjektiven und objektiven Denkens bei Kierkegaard an.[15] Bereits Kierkegaard meinte, der Weg des objektiven Denkens führe nur zu oberflächlichen, äußerlichen Abstraktionen, zur Mathematik, zu Erkenntnissen, die gegenüber dem gleichgültig sind, was für den Menschen am wichtigsten ist.[16] Die ganze vorherige Tradition des wissenschaftlich objektiven Denkens wird von Kierkegaard verworfen, da sich in ihr die existenzielle Innerlichkeit des Menschen verliert, die für Kierkegaard stets eine existenziell-*religiöse* Innerlichkeit ist. „Alles wesentliche Erkennen betrifft die Existenz, oder nur das Erkennen, das sich wesentlich zur Existenz verhält, ist wesentliches Erkennen ... Nur das ethische und das ethisch-religiöse Erkennen ist daher wesentliches Erkennen. Aber das ethische und alles ethisch-religiöse Erkennen verhält sich wesentlich dazu, daß der Erkennende existiert."[17]

Heidegger stimmt mit Kierkegaard auch darin überein, daß das wissenschaftlich gegenständliche, objektive Denken den Menschen notwendigerweise verdinglicht. Die Verschiebung, die die Heideggersche Konzeption der Überwindung der Metaphysik diesbezüglich darstellt, besteht darin, daß nun nicht mehr die Überzeugung Kierkegaards: „Die Wahrheit ist die Subjektivität"[18] akzeptiert wird. Die traditionelle Metaphysik der Subjektivität, aber auch z. B. der subjektivistische Existenzialismus Sartres, werden als abstrakter Gegenpol zum objektiven Denken angesehen, also als etwas, was an das „gegenständige" Denken gebunden, sozusagen eine verkehrte Form des gegenständlichen (und damit verdinglichenden) Denkens ist.[19]

[15] S. Kierkegaard, Gesammelte Werke, Bd. VI., Jena 1911, S. 161, 267 u. a.

[16] Ebenda, S. 267: „Für die objektive Reflexion wird die Wahrheit etwas Objektives, ein Gegenstand, und es gilt, vom Subjekt abzusehen; für die subjektive Reflexion wird die Wahrheit die Aneignung, die Innerlichkeit, die Subjektivität, und es gilt gerade sich existierend in die Subjektivität zu vertiefen." — Ebenda, S. 269: „Der Weg der objektiven Reflexion führt nur zu abstraktem Denken, zu Mathematik, zu geschichtlichem Wissen verschiedener Art."

[17] Ebenda, S. 273. [18] Ebenda, S. 265.

[19] Zugleich lehnt Heidegger auch Husserls Gedanken vom Primat

Was ist also jenes „andere", „künftige" Denken,[20] das Heidegger als Überwindung der Metaphysik proklamiert?

Es ist ein existenziell-neomythisches Denken. Der Begriff der Existenz bleibt der Schlüssel zur ganzen Konzeption, aber die menschliche existenzielle Innerlichkeit ist für Heidegger, insbesondere in seiner späteren Entwicklung, nicht die Grundlage von allem. Sie wird dadurch bedingt, daß sie in die Welt geworfen wird, die stets ein untrennbares „Geviert" von Erde und Himmel, der Göttlichen und der Sterblichen ist. Diese Welt ist ein Geschehen, das aus nichts anderem heraus erklärbar ist und auf nichts anderem beruht.[21] Inspiriert von Hölderlin, hebt Heidegger gegenüber dem objektiven Wissen das ursprüngliche mythische Denken hervor, dessen Quelle die dichtende Imagination war, die den „geheiligten Sinn" des Weltganzen und des Lebens der Menschen und der Göttlichen in ihr enthüllt. Die ursprüngliche, mythische Welt ist wahrhaftig, da sie in sich geschlossen, voll, unangefochten, geheiligt ist; die Welt der modernen Wissenschaft und Philosophie ist hingegen künstlich. Das mythische Denken ist kein Nicht-Wissen, sondern ein Ur-Wissen, zu dem man zurückkehren müsse. Im Problemzusammenhang, den wir hier verfolgen, werden uns die weiteren Einzelheiten des dichtenden Denkens Heideggers nicht interessieren. Das auch deshalb nicht, weil sogar die meisten der von Heidegger beeinflußten bürgerlichen Philosophen sich einen kritischen Abstand zu den extremen Folgerungen der philosophischen Mythologie Heideggers bewahrten und einwandten, mit ihnen sei Heidegger über den intersubjektiv kontrollierbaren Rahmen philosophischen Nachdenkens hinausgegangen.

Betrachten wir aber kurz den logischen Inhalt und ideologischen Sinn der Heideggerschen Kritik der Metaphysik.

Próton pseudos des logischen Inhalts der Heideggerschen Kritik der Metaphysik scheint eine Fehlinterpretation der OYSIA des Aristoteles zu sein. Heidegger interpretiert diesen Begriff eigenwillig vereinfacht so, als habe Aristoteles damit lediglich

der transzendentalen Subjektivität ab. Heideggers Kritik an Sartre findet sich in seinem Brief „Über den Humanismus", a. a. O., S. 22 u. a.

[20] Es wird auch „das wesentliche Denken", „das dichtende Denken" oder „das andenkende Denken" genannt, d. h. ein Denken, das die existenziell-mystische Wahrheit des Seins nicht vergißt.

[21] M. Heidegger, Das Ding, in: Vorträge und Aufsätze, a. a. O., S. 178.

eine fertige, vor-stehende, gegebene Gegenständlichkeit ausgedrückt.[22] Von hier aus führe der Weg zu einem metaphysischen Denken, das den Gegenstand als fixe Sache und den LOGOS als fixen Abdruck der Sache betrachte. Beide Pole dieses Gegensatzes hätten damit den Charakter „des Vorhandenseins", den Charakter von etwas im voraus Gegebenen angenommen, was nicht Moment und Produkt der Selbsterzeugung sei. Alles Seiende sei als Gegenstand der Prädikation, als „das jeweils Zugrundeliegende, das Vorliegende"[23] angesehen worden.

In Wirklichkeit fragte Aristoteles in seinen protophilosophischen Untersuchungen nicht nur nach der Art des Seins von dem, was uns in Form einer bloß gegenständigen Gegebenheit übermittelt wird (was „das Vorhandene" ist). Aristoteles dachte über die Seinsarten von dem nach, was *τὰ φύσει ὄντα* sind, von dem, was *τὰ πράγματα* ist, was *ἡ ψυχή* sind, und er faßte in seiner konsequent weltlichen Philosophie sehr deutlich den Begriff *οὐσία* als Ausdruck des beweglichen Wesens alles Seienden auf. Die Ansätze zu einer begrifflich artikulierten Auffassung von Wirklichkeit als einem dialektisch sich selbsterzeugenden Prozeß, die im ursprünglichen Denken des Aristoteles unstreitig vorhanden sind, werden von Heidegger einfach übergangen. Er konstruiert so einen fixen und überspitzten Gegensatz zwischen dem Denken der vorsokratischen Physiker und Aristoteles. In der Herausstellung der vorsokratischen Physiker bei Heidegger, für die das Denken „identisch" mit PHYSIS, d. h. mit dem Naturprozeß „des von sich her Aufgehens" war, kommt auf reaktionär-romantische Weise eine Ahnung davon zum Ausdruck, daß das wahre Denken kein Denken in dem abstrakten Gegensatz von Subjekt und Objekt, von Denken und Sein sein kann, sondern ein Denken der Selbstentwicklung.

Heidegger hat die Rolle Hegels bei der Vorbereitung des modernen begrifflich artikulierten Denkens der Wirklichkeit als sich

[22] Vgl. z. B. M. Heidegger, Einführung in die Metaphysik, a. a. O., S. 147: „Es (d. h. das Wort OYSIA – Anm. J. Z.) meint das Sein im Sinne der ständigen Anwesenheit, Vorhandenheit." Ebenda, S. 154: „Bleiben, Immergleichheit, Vorhandenheit, Vorliegen – sagen im Grunde alle dasselbe: ständige Anwesenheit: *ὄν* als *οὐσία*." – Vgl. auch M. Heidegger, Was ist Metaphysik?, a. a. O., S. 19f.

[23] M. Heidegger, Einführung in die Metaphysik, a. a. O., S. 142.

selbsterzeugenden Prozeß nie begriffen.[24] Er gelangt höchstens zu Elementen einer mystischen Dialektik. Seinem „anderen" Denken ist zwar der Gedanke des Widerspruchs als Identität der Gegensätze nicht fremd, es geschieht dies aber in der Regel in Form einer mystischen, irrationalistischen Dialektik, die an Meister Eckhart und ähnliche religiös-philosophische Denker der Vergangenheit erinnert. Heidegger bagatellisiert den logischen Inhalt der Hegelschen Kritik der vorangegangenen Philosophie und der gesamten gedanklichen Tradition. Er beruft sich zustimmend auf die Ansicht Kants, seit Aristoteles sei die Logik nicht weitergekommen, sie sei allem Anschein nach abgeschlossen und vollendet. Heidegger fügt hinzu: „Es scheint nicht nur so. Es ist so. Denn die Logik hat trotz Kant und Hegel im Wesentlichen und Anfänglichen keinen Schritt mehr getan."[25]

Heideggers Begriffe des „anderen", die Metaphysik überwindenden Denkens läßt sich als reaktionär-romantische Mystifikation der Kritik des bloß anschauenden Denkens charakterisieren, da Heidegger unter der Form einer Kritik jedweden verdinglichenden Denkens eigentlich eine Philosophie menschlicher Ohnmacht und Passivität anbietet. Das existenziell-neomythische Denken hat eine ideologische, apologetische Funktion: was die objektive Realität anlangt, ist es eine Philosophie der „Gelassenheit", d. h. des Belassens beim status quo. Er gebärdet sich ablehnend gegenüber den bestehenden kapitalistischen Verhältnissen, lehnt sie aber nur scheinbar ab. In einer Pauschalkritik der Technik bleibt seine Philosophie letztlich unschädlich für die bestehenden realen Verhältnisse, in einer romantischen Rückkehr zum Denken nach dem Modell der vorsokratischen „Physiker" bleibt sie letztlich schweigend über die gesellschaftlichen Ordnungen. Die durch die Tür hinausgetriebene fixe Gegenüberstellung kommt durch das Fenster in Gestalt von Heideggers „ontologischer Differenz", in dem Gegensatz von Seiendem und Sein, wieder zurück. Diese Gegensatzbildung ist im wesentlichen eine existenziell-mythische Version des religiösen Dualismus von Geist und Materie. Die Spitze der Heideggerschen Kritik richtet sich gegen den realen Humanismus. Jede materialistische Auffassung des Menschen

[24] Obwohl er bereits in seiner Habilitationsarbeit aus dem Jahr 1916 die Auseinandersetzung mit der Philosophie Hegels als Aufgabe par excellence proklamiert hatte.

[25] M. Heidegger, Einführung in die Metaphysik, a. a. O., S. 144.

einschließlich der dialektisch-materialistischen wird als Herabsetzung des Menschen auf ein „Arbeitstier" angesehen.

Heideggers Kritik der Metaphysik geht von der wichtigen negativen Erkenntnis aus, daß das anschauend vorstellende Bewußtsein nicht letztes Fundament der Theorie von den Denk- und Seinsformen sein kann und daß das erkennende Denken ein Moment im Menschenleben ist, dessen Wesen praktisch ist. Im Denken Heideggers wird aber das praktische Wesen des Menschen und seines Denkens auf das *existenzielle* Sein reduziert, d. h. wiederum eigentlich nur auf ein Erleben sui generis und auf ein bloß „innerliches" Handeln. Das materiell-praktische Sein als Grundlage des Denkens und des Menschseins wird dadurch mystifiziert.[26] Heideggers Kritik alles vor-stellenden Denkens

[26] Näheres darüber in meinem Aufsatz: Rationalität und Moralität, Deutsche Zeitschrift für Philosophie, Berlin 1978/12, S. 1545—1548. — Den Kern der Sache können wir auch unter Zuhilfenahme eines Gedankens Heideggers näherbringen. Am Schluß von „Sein und Zeit" bestimmt Heidegger seine Konzeption der Philosophie als „universale phänomenologische Ontologie, ausgehend von der Hermeneutik des Daseins, die als Analytik der *Existenz* das Ende des Leitfadens alles philosophischen Fragens dort festgemacht hat, woraus es *entspringt* und wohin es *zurückschlägt*". Diese These darf nicht als Dogma gelten, so fährt Heidegger fort und formuliert eine seines Erachtens grundsätzliche Frage: „Läßt sich die Ontologie *ontologisch* begründen (d. h. so, daß wir das „Seinsverständnis" als ursprünglichsten Ausgangspunkt und als Basis der Theorie von den Seinsarten des Seienden aufstellen — J. Z.) oder bedarf sie auch hierzu eines *ontischen* Fundamentes, und welches Seiende muß die Funktion der Fundierung übernehmen?" Diese Frage wirft Heidegger begreiflicherweise bloß auf, er beantwortet sie nicht. Eine inhaltlich vergleichbare Frage wurde allerdings von Marx und Engels in ihrer Kritik der deutschen klassischen Philosophie gestellt und in der dialektisch-materialistischen Überwindung der traditionellen Ontologie positiv beantwortet.

Zur phänomenologischen Behauptung, das Sein öffne sich im existenziell-praktischen Seinsverständnis („im Seinsverständnis, das als Verstehen zum existierenden Dasein gehört", sagt Heidegger), stellt die materialistische Dialektik die Frage: Und das Seinsverständnis selbst, „öffnet es sich" an sich und durch sich selbst oder in materiell-praktischen, historisch-gesellschaftlichen und natürlichen Zusammenhängen, die auf „ontologische" Zusammenhänge wesentlich nichtreduzierbar und ursprünglicher sind als die Formen des Seinsverständnisses? Die kategorialen und

ist also in konfuser Einheit eine Kritik sowohl des bloß *anschauend* gegenständlichen, als auch alles *objektiven* Denkens einschließlich eines solchen, das sich nicht mehr im abstrakten Gegensatz von Subjekt und Objekt bewegt.

Heideggers Kritik fängt mit dem wichtigen und berechtigten Anspruch an, „ursprünglicher als die Metaphysik zu denken"[27], aber sie mündet in eine reaktionär-romantische Antwort aus, die ein extrapolierendes Sophisma darstellt. Weil die wissenschaftliche Rationalität einer bestimmten historischen Form (d. h. die cartesianische Auffassung, die Subjekt und Objekt gegeneinander abstrakt fixiert) für das wahrhafte Denken des heutigen Menschen nicht genügt, soll dies nach Heidegger bedeuten, daß *keine* wissenschaftliche Rationalität genügt und daß der einzige Ausweg in einem existenziell-neomythischen Denken zu finden ist.

Eine wirkliche Überwindung des sich in dem abstrakten Gegensatz von Subjekt und Objekt, in der Polarität von Objektivismus und Subjektivismus bewegenden Denkens ist das dialektisch-materialistische Denken. Es ist ein objektives Denken neuen Typs, das objektiver als es die vorherigen Verfahren waren, hauptsächlich darum ist, weil es das Verstehen des praktischen Fundaments von Denken und Menschsein ermöglicht und alle Seinsformen prozessual auffaßt, also die oben erwähnte doppelte Historisierung vornimmt. Dieses neue Denken kann *ursprünglicher* als jenes Denken fragen, das sich im abstrakten Gegensatz von Subjekt und Objekt bewegt, da es mit einem tieferen Begriff der Wirklichkeit arbeitet. Es kann allseitiger die Wirklichkeit als *Gegenstand* seiner *objektiven* Reflexion begreifen, da es die Wirklichkeit nicht auf den abstrakten Gegensatz eines bloß anschauenden Denkens reduziert. Für dieses neue Denken bildet sogar der praktische Prozeß der beweglichen Einheit von Subjekt und Objekt einen gegenständlichen Bereich, und dieser Prozeß kann selbst zum Gegenstand theoretischer Reflexion erhoben werden.

Die ganze Wirklichkeit oder die Welt, deren Einheit in ihrer

prädikativen Forminhalte, in denen das Seinsverständnis erfolgt, sind als wichtiges, aber untergeordnetes Moment der gesamten natürlichen und gesellschaftlichen realen (in diesem Sinn „ontischen") Bewegung aufzufassen, wenn wir die Dinge nicht idealistisch auf den Kopf stellen wollen. (Vgl. zum Ganzen: M. Heidegger, Sein und Zeit, Tübingen 1967, S. 436f.)

[27] M. Heidegger, Über den Humanismus, a. a. O., S. 36.

Materialität beruht, besteht aus verschiedenen Bereichen, die alle für den Menschen Gegenstand seiner theoretischen Einstellung, Gegenstand in seiner intellektuellen Aneignung der Welt sein können, ohne daß man vergessen müßte, daß das *Wesen der Gegenständlichkeit* in verschiedenen Bereichen verschieden sein kann. Einige Bereiche der Wirklichkeit, z. B. das anorganische und organische Naturgeschehen, sind — sofern sie nicht in den Prozeß der gesellschaftlichen Produktion oder des wissenschaftlichen Experimentierens eintreten — in dem Sinne gegenständlich, daß sie ohne menschliches Zutun, als Glieder des dialektischen Entwicklungsprozesses der Selbsterzeugung der Natur vorhanden sind. Es gibt andere Bereiche der Wirklichkeit, die eine Schöpfung der praktischen Tätigkeit des gesellschaftlichen Lebens sind und ohne menschliches Zutun, ohne die historisch-gesellschaftliche Dialektik von Subjekt und Objekt nicht vorhanden wären. Auch sie haben gegenständlichen Charakter, was nicht bedeutet, daß ihre ontologische Struktur völlig dieselbe wäre wie die der außermenschlichen Bereiche der Wirklichkeit. Die materialistisch-dialektische Auffassung von der Einheit der Welt umfaßt unbedingt die Anerkennung der relativen qualitativen Verschiedenheit, der verschiedenen Bereiche der Wirklichkeit und demnach auch die Anerkennung des differenzierten Wesens der Gegenständlichkeit.[28]

Die dialektisch-materialistische Denkweise ist nicht „objektiv" in dem Sinne, daß sie physikalisch die Seinsart alles Seienden auf jene ontologischen Strukturen reduzieren würde, die in der anorganischen und außermenschlichen organischen Wirklichkeit gefunden (oder vermeintlich aufgefunden) werden. Die spezifischen Unterschiede der Seinsarten werden hervorgehoben — im Rahmen einer einheitlichen Welt, deren Entwicklungs- und Struktureinheit in ihrer Materialität beruht.

Das wissenschaftliche Denken im Rahmen des dialektisch-materialistischen Rationalitätstyps distanziert sich deshalb und dadurch von der *objektivistischen* Haltung, daß es begreift, daß die Menschen zugleich Autoren und Schauspieler des gesellschaft-

[28] Es gibt aber keinen „Abgrund" zwischen dem Menschlichen und Außermenschlichen, wie ihn Heidegger in der existenziellen Umgestaltung der christlichen Tradition mit seiner ontologischen Differenz behauptet (vgl. M. Heidegger, Über den Humanismus, a. a. O., S. 15).

lichen Dramas sind und daß das gesamte erkennende Denken ein Moment dieser Praxis ist. Der wirkliche, handelnde Mensch in seiner Vielseitigkeit wird in diesem Denken nicht „vergessen", sondern, im Gegenteil, er ist das Zentrum des Interesses.

Alle Bereiche der Wirklichkeit, die eine *dialektische* Entwicklungs- und Struktureinheit (Einheit verschiedener Momente, konkrete Totalität) schaffen, können demnach Gegenstand einer *objektiven* Reflexion, d. h. der theoretischen Aneignung der Wirklichkeit im Denken, sein. Das Denken der objektiven Reflexion ist eine gedankliche Reproduktion der Wirklichkeit. Wesentlicher Bestandteil dieser objektiven Reflexion ist das sich vertiefende „Begreifen der Praxis", also die sich nach und nach vertiefende theoretische Aneignung der historischen Dialektik von Subjekt und Objekt, von Mensch und Natur, zugleich aber auch das fortschreitende Verständnis der objektiven Dialektik der Natur. Dabei ist das Denken des Vor-stehenden, das technische Denken, das die Beherrschung der Naturkräfte anstrebt, also auch das mathematisierende Denken, ein wichtiges, wenngleich untergeordnetes Moment des neuen Denkens.[29]

Was die Aneignung der Welt anlangt, besteht der Unterschied zwischen dem neuen objektiven und dem cartesianischen Denken nicht darin, daß das zweite an der Beherrschung der Naturkräfte orientiert wäre und das erste das nicht wäre. Der Unterschied liegt darin, wie die Orientierung an der Beherrschung der Naturkräfte, die sowohl dem cartesianischen als auch dem neuen Denken gemeinsam ist, in den allgemeinen menschlichen Lebensprozeß einbezogen wird. Das neue Denken arbeitet mit einem modifizierten Begriff der Technik gegenüber dem Denken cartesianischen Typs, da es das technische Denken als einen untergeordneten Bestandteil des historisch-praktischen Denkens ansieht. Lediglich in relativ engen Grenzen ist die Technik von den historisch-praktischen gesellschaftlichen Zusammenhängen unabhängig und kann als bloße Applikation der rein theoretischen Wissenschaft angesehen werden. In weitergefaßten historisch-gesellschaftlichen Zusammenhängen sind Technik und technisches Denken ein Moment der Totalität des gesellschaftlichen Lebens.

[29] Der Kürze halber steht hier und im folgenden manchmal „das neue Denken" für „das Denken im Rahmen des dialektisch-materialistischen Rationalitätstyps" oder für „die dialektisch-materialistische Denkweise".

Eine bestimmte Form der Technik ist mit einer bestimmten Form des gesellschaftlichen Lebens verknüpft.

Das neue Denken ist prinzipiell undogmatisch, da die gedankliche Reproduktion der Wirklichkeit niemals vollständig, niemals abgeschlossen sein kann, sondern sich stets in einer Entwicklungsbewegung wie die Wirklichkeit selbst befindet.

Was den logischen Inhalt und die logischen Formen angeht, war Voraussetzung für das neue Denken und seine tiefere Objektivität der Übergang von der undialektischen Auffassung der Seins- und Denkformen zur dialektischen Auffassung. Das ist hauptsächlich der Übergang vom Denken in fixen Gegensätzen zu einem Denken, das sich dessen bewußt ist, daß die ontologische Struktur der Wirklichkeit zwar in Gegensätzen erscheint, daß aber deren Starrheit und vermeintliche absolute Gültigkeit erst durch das menschliche Denken in die Wirklichkeit gebracht wird — daß also erste Voraussetzung für das neue Denken eine Flüssigmachung, eine dialektische Relativierung der Gegensätze ist.

Erst dieser wesentliche Fortschritt bei der Klarstellung der logisch-ontologischen Problematik ermöglichte es dem dialektisch-materialistischen Denken, als *wissenschaftliches* Denken neuen historischen Typs auftreten zu können, als ein theoretisches Denken, das an die Tradition der europäischen Wissenschaft mit ihrer experimentellen Forschungsbeziehung zur Wirklichkeit anknüpft und diese Tradition zu neuen Arbeitsformen entfaltet. Während Heideggers „anderes“ Denken programmatisch unwissenschaftlich sein will, indem es das wissenschaftliche (als angeblich rein rechnerisches) und das „besinnende“, existenziell neomythische, „ungegenständliche“ Denken zueinander in exklusiven Gegensatz bringt, ist das neue Denken nur in unlösbarer Verbindung mit dem speziellen wissenschaftlichen Denken möglich. Es ist an sich selbst ebenso wissenschaftlich wie philosophisch, und es entspricht dabei den allgemeinen Anforderungen an ein wissenschaftliches (kritisches, überprüfbares, jeder äußeren Autorität sich entziehendes, begründetes und begründendes) Denken.

Da Heidegger eigenwillig gewisse transitorische Formen der wissenschaftlichen Einstellung verabsolutiert und sie als wissenschaftliche Einstellung schlechthin ausgibt, kann er behaupten, daß sich der Mensch notwendigerweise von der Welt loslöst, wenn er eine objektive theoretische Haltung einnimmt, und daß dadurch notgedrungen die Welt aufhört, dem Menschen als Heim zu dienen, und sich in ein untergeordnetes Objekt, einen Gegenstand kühler Beobachtungen und Analysen, in ein Spiel objektiver Prozesse und Kräfte verwandelt, die zwar dem Menschen dienen, sein Herz jedoch leer lassen. Heidegger äußert auch hiermit einen reaktionär-romantischen Protest gegen das vulgäre bürgerliche Bewußtsein, ohne doch mehr ausdrücken zu können als einen Aufruhr auf den Knien.

Bevor im Schlußkapitel die wissenschaftliche Charakterisierung der dialektisch-materialistischen Denkweise um die Dimension des realen Humanismus ergänzt wird, sollen im nächsten Kapitel die Veränderungen in den logisch-ontologischen Grundlagen der heutigen Wissenschaft eingehender untersucht werden, die sich in den Stimmen philosophierender Naturwissenschaftler und Logiker reflektieren.

Veränderungen in den logisch-ontologischen Grundlagen der gegenwärtigen Wissenschaft

Man spricht heute oft und in verschiedenem Sinn von den Veränderungen in den Grundlagen der Wissenschaft.[1] Dieses Kapitel wird sich auf jenen Aspekt dieser Veränderungen in den Grundlagen der Wissenschaft beschränken und konzentrieren, der mit Hilfe unserer Hypothese von den historischen Rationalitätstypen erfaßbar ist. Es soll gezeigt werden, wie die gegenwärtige Wissenschaft Denkformen der materialistischen Dialektik in der Klärung ihrer logisch-ontologischen Grundlagen hervorbringt und benötigt. Wir beginnen mit einem kritischen Kommentar der diesbezüglichen Ansichten eines philosophierenden Naturwissenschaftlers — Ilya Prigogines.

Zuerst eine Vorbemerkung. Die zeitgenössische Wissenschaft existiert in Gestalt eines Komplexes verschiedener Wissensdisziplinen, die sich in Differenzierungs- und Integrationsprozessen entwickeln. In der inneren Struktur der Wissenschaften, in ihrer methodologischen und apparatartigen Ausstattung, in ihren gesellschaftlichen Bindungen und Funktionen kommt es ständig zu Veränderungen, nicht anders als es im Leben des Menschen und der Gesellschaft ständig zu Veränderungen kommt. Doch sind gewöhnlich nicht nur die Tiefe, sondern auch die Rhythmen der Veränderungen in den koexistierenden Wissensdisziplinen nicht gleich. Tiefgreifende Umwälzungen in einem Wissensgebiet können von einer gleichzeitigen langsamen Entwicklung in einem anderen Wissensgebiet begleitet sein u. ä.

Die Analysen der Entwicklung der einzelnen Wissensdisziplinen (einschließlich der Studien über hervorragende Wissenschaftler) bieten wichtigen Stoff für die Bearbeitung unserer Frage. Unser Anliegen ist allerdings nicht identisch mit der Frage,

[1] Vgl. z. B. V. L. Altuchov, Materialističeskaja dialektika i osnovanija naučnogo znania, in: Voprosy filosofii, Moskau, 4/1974.

zu welchen Veränderungen es in diesem oder jenem Wissensgebiet kommt, es ist auf eine allgemeinere Ebene der Problematik bezogen und betrifft die philosophischen, logisch-ontologischen Charakteristika des wissenschaftlichen Denkens.

Offenbar gehen die Veränderungen in den logisch-ontologischen Grundlagen des wissenschaftlichen Denkens langsamer vor sich als die Veränderungen in den einzelnen Wissensdisziplinen und sind tiefgehender mit den grundsätzlichen Veränderungen in der ökonomischen Struktur und im realen gesellschaftlichen praktischen Sein der Menschen überhaupt sowie auch mit Veränderungen in den übrigen Überbaubereichen der Gesellschaft verknüpft.

Wir werden nicht nur das naturwissenschaftliche, sondern auch das gesellschaftswissenschaftliche Denken in Betracht ziehen und die Wissenschaft nicht nur auf jene Bereiche des Denkens reduzieren, die die Methoden der mathematischen Naturwissenschaft applizieren (also darauf, was im angelsächsischen Raum „science", im Unterschied zu den „humanities", genannt wird). In dieser Reduktion ist das Vorurteil enthalten, als Wissenschaft nur einen bestimmten historischen Typ von Wissenschaft gelten zu lassen, und damit wird begreiflicherweise das ganze Problem der Veränderungen in den Grundlagen der modernen Wissenschaft verunstaltet, seine gesellschaftlichen, seine ethischen, aber auch die logischen Dimensionen werden deformiert oder ignoriert.

Wenn man in den allgemeinen Erwägungen über die Entwicklung des wissenschaftlichen Denkens die Revolution im gesellschaftswissenschaftlichen und im wissenschaftsphilosophischen Denken außer acht läßt, wie sie im Marxschen *Kapital* und durch die Entstehung des Marxismus überhaupt zum Ausdruck kommt, dann ist dies etwa so, als wollte man über die Entwicklung der Physik des 20. Jahrhunderts schreiben und dabei die Quantenmechanik ignorieren.

1.

Unter den philosophierenden Naturwissenschaftlern der Gegenwart zeichnet sich Ilya Prigogine dadurch aus, daß er eindeutig und nachdrücklich den Übergang zum Entwicklungsdenken für das Kennzeichnende der heutigen Wissenschaft im Vergleich mit der klassischen Newtonschen Wissenschaft erklärt. Was die Veränderungen in den logisch-ontologischen Grundlagen des wissenschaftlichen Denkens angeht, so handelt es sich nach Progogine um einen Übergang *Vom Sein zum Werden*[2].

In dieser allgemeinen Gestalt deckt sich offenbar diese Charakterisierung Prigogines mit den seit langem vorliegenden Analysen der dialektischen Materialisten. Prigogines, bzw. Prigogines und Stengers' Auffassung ist schon darum bedeutsam, weil in ihr die neuesten naturwissenschaftlichen Entdeckungen kompetent berücksichtigt und zur Begründung der erwähnten Hauptidee herangezogen werden. In diesem Sinn sind die diesbezüglichen Publikationen von Progogine, bzw. Prigogine und Stengers, ein wichtiges progressives Ereignis in dem Prozeß, der vor einem Jahrhundert von Engels vorausgesehen wurde.[3] Engels sagte damals voraus, daß die fortschreitende Anhäufung von positivem naturwissenschaftlichem Erkenntnisstoff die theoretische Naturwissenschaft unabweisbar zum Entwicklungsdenken bringen wird und daß alle Versuche, die ungeheure Masse der neuen Erkenntnisse möglichst kohärent nach ihrem inneren Zusammenhang zu systematisieren und die einzelnen Erkenntnisgebiete untereinander in einen Gesamtzusammenhang zu bringen, den Übergang zum Denken in „flüssigen" Kategorien erfordern werden.

Andererseits stellt Prigogine seine Konzeption der Metamorphose der Wissenschaft in eine gewisse bewußte Abgrenzung zur materialistischen Dialektik. Es ist hier nicht mehr jene polemische, vorurteilsvolle und unkorrekte Feindschaft anzutreffen, die J. Monods *Zufall und Notwendigkeit* kennzeichnete.[4] Prigogine weiß es hoch zu bewerten, daß die Idee einer „historischen" Natur, einer Natur, die der Entwicklung und Innovation fähig ist, „schon vor langer Zeit von Marx und in detaillierter Weise von Engels als integrierender Bestandteil der materialistischen Auffassung vertreten wurde"[5]. Nichtsdestoweniger distanziert er sich — ausdrücklich oder implicite — in einigen nicht unwichtigen Punkten mit seiner Konzeption des Übergangs vom Sein zum Werden von der dialektisch-materialistischen.

[2] I. Prigogine, Vom Sein zum Werden, München 1979; I. Propogine/I. Stengers, Dialog mit der Natur. Neue Wege naturwissenschaftlichen Denkens, München—Zürich 1981 (Wir zitieren die 4. Auflage dieses Werkes, München—Zürich 1983).

[3] F. Engels, Dialektik der Natur, in: MEW, Bd. 20, a. a. O., S. 330.

[4] J. Monod, Zufall und Notwendigkeit, Philosophische Fragen der modernen Biologie, München 1971.

[5] I. Prigogine/I. Stengers, Dialog mit der Natur, a. a. O., S. 219.

Zuerst sei angeführt, wo die Differenzen nicht liegen, wo Prigogines Charakterisierungen und Analysen als eine aufgrund der neuesten Wissenschaftsentwicklung erarbeitete Bestätigung bzw. Ergänzung und Konkretisierung der dialektisch-materialistischen Auffassung betrachtet werden können. Danach werden wir zu den Punkten Stellung nehmen, in denen Differenzen zwischen den beiden Auffassungen des Übergangs „vom Sein zum Werden" auftauchen. Einige dieser Differenzen betreffen philosophiegeschichtliche Zusammenhänge, andere die logisch-ontologischen Bestimmungen der Veränderungen in der Wissenschaft, wieder andere deren gesellschaftsgeschichtliche Bedingungen.

Bei dieser Kritik wird es uns vor allem darum gehen, die bisher vorgelegte Klärung der Spezifik der dialektisch-materialistischen Historisierung der Seins- und Denkformen zu ergänzen.

2.

Bezüglich der klassischen Newtonschen Wissenschaft formuliert Prigogine[6] die Hauptidee seiner Konzeption von der Umwandlung der Wissenschaft folgendermaßen: „Newtons Lehre gilt noch heute als ein einmaliger Erfolg. Einige der von ihr eingeführten grundlegenden Begriffe sind eine bleibende Errungenschaft, die alle Wandlungen der Wissenschaft überlebt hat. Dennoch wissen wir, daß das goldene Zeitalter der klassischen Wissenschaft vorbei ist — und daß mit ihr die Vorstellung untergegangen ist, die Newtonsche Rationalität könne, auch wenn man ihre widersprüchlichen Auslegungen hinzunimmt, als Grundlage für unseren Dialog mit der Natur ausreichen... Wir beginnen heute, die Grenzen der Newtonschen Rationalität klarer zu erkennen. Es scheint, als würde sich eine konsistentere Konzeption der Wissenschaft und der Natur entwickeln. Diese neue Konzeption verheißt uns eine neue Einheit von Erkenntnis und Kultur."[7]

Die Newtonsche Wissenschaft setzte eine statische, unhistorische, automatenhafte Natur voraus und suchte abstrakt universelle,

[6] Hier und im weiteren verstehen wir darunter Prigogine und Stengers, sofern Ansichten zitiert werden, die in von ihnen gemeinsam verfaßten Arbeiten zu finden sind.

[7] I. Prigogine/I. Stengers, Dialog mit der Natur, a. a. O., S. 35f.

ewige Naturgesetze. Sie setzte voraus, daß die Zukunft in der Gegenwart enthalten ist und daß das Werden und die Innovation, wenn nicht Illusionen, so doch zumindest nur Erscheinungen sind, die durch unsere Beobachtungsweise bestimmt werden. Das Mikroskopische war für sie einfach und von einfachen mathematischen Gesetzen beherrscht. Diese Newtonsche Wissenschaft, nach deren Auffassung die Welt einem universalen theoretischen Schema gehorcht, welches ihre Mannigfaltigkeit auf Anwendungsfälle allgemeiner Gesetze reduziert, macht aus dem Menschen einen Fremdling in der Welt.

Die Veränderung der konzeptuellen Basis des wissenschaftlichen Denkens im Sinne des Übergangs vom Sein zum Werden beruht nicht auf einer willkürlichen Entscheidung: „In der Physik wurde sie uns aufgezwungen durch neue Entdeckungen, die niemand hätte vorhersehen können. Wer hätte erwartet, daß die meisten Elementarteilchen sich als vergängliche Wesen erweisen würden, die sich dauernd verwandeln? Wer hätte erwartet, daß mit der Ausdehnung des Universums die Geschichte auf dem Niveau des Weltganzen Einzug hält? Auf verschiedenen Wegen – von den jüngsten Entdeckungen der Physik und Biologie bis zu den raschen demographischen Veränderungen unseres Jahrhunderts – bildet sich eine neue Naturauffassung heraus. Damit setzt sich in gewissem Sinne eine Tendenz fort, die im 19. Jahrhundert einsetzte. Darwin lehrte uns, daß der Mensch in die biologische Evolution eingebettet ist; Einstein lehrte uns, daß wir in ein sich entwickelndes Universum eingebettet sind. Die Lehre Darwins bedeutet, daß wir mit allen Formen des Lebens zusammenhängen; das expandierende Universum bedeutet, daß wir mit dem gesamten Kosmos zusammenhängen."[8] Diese und andere Entdeckungen bewirken ebenso wie gesellschaftliche Veränderungen, daß sich neue Formen der Rationalität entwickeln müssen.[9] Das Interesse der Wissenschaft verlagert sich vom Einfachen zum Komplexen. Man hat die Hoffnung aufgegeben, alle Naturvorgänge unter eine kleine Zahl von „ewigen" Gesetzen zusammenzufassen. Die Naturwissenschaften beschreiben heute ein Universum, das reich an qualitativen Unterschieden und potentiellen Überraschungen ist. Während die klassische Wissenschaft das Unwandelbare zu betonen pflegte, finden wir heute

[8] Ebenda, S. 16.
[9] Ebenda, S. 29.

Wandel und Entwicklung als das Fundamentale in ihren begrifflichen Bestimmungen.[10] „Die Naturwissenschaften haben sich somit auf der makroskopischen wie auf der mikroskopischen Ebene von einer Konzeption der objektiven Realität befreit, die glaubte, das Neue und das Mannigfaltige im Namen eines unwandelbaren universellen Gesetzes leugnen zu müssen. Sie haben sich von einer Faszination freigemacht, die uns die Rationalität als etwas Geschlossenes und die Erkenntnis als etwas Abschließbares erscheinen ließ. Dadurch sind sie offen geworden für das Unerwartete, das sie nicht länger zum Resultat einer unvollkommenen Erkenntnis oder einer unzureichenden Kontrolle erklären."[11] Nach Prigogines Auffassung „löst sich die Wissenschaft heute vom Newtonschen Mythos, weil sie die Vielfalt und die Zeit wiederentdeckt hat. Sie kann daher die Natur beschreiben, ohne die Relevanz von Vielfalt und Zeit zu verneinen. Auf diese Weise wird erneut ein kultureller Dialog zwischen Natur- und Geisteswissenschaften möglich."[12]

Originell ist an Prigogines Konzeption insbesondere die Einbeziehung neuer Erkenntnisse der Thermodynamik in die Begründung der evolutionären Weltanschauung. Heute wissen wir, daß fern vom Gleichgewicht neue Strukturen spontan entstehen können und daß die Irreversibilität keineswegs zum fatalen Wärmetod des Universums führen muß, sondern „eine Quelle der Ordnung, von Kohärenz, von Organisation"[13] sein kann. Der thermodynamischen Irreversibilität wurde der metaphysische Schein genommen. Deswegen kann heute die thermodynamische Theorie der irreversiblen Prozesse, der Instabilitäten, Fluktuationen, Bifurkationen usw. als eine wichtige Erweiterung der naturwissenschaftlichen Basis der dialektisch-evolutionären Denkweise angesehen werden. Es mag sein, daß Prigogine hier und da diese Rolle der neuen Thermodynamik übertreibt oder unangemessen hervorhebt, aber es besteht kein Zweifel, daß auch nach der Korrektur dieser Übertreibung die Neuentwicklungen in der Thermodynamik für die Begründung der evolutionären Weltanschauung von großer Bedeutung sind.

Im Vergleich mit Heisenberg oder Monod und vielen anderen

[10] Ebenda, S. 222.
[11] Ebenda, S. 284.
[12] Ebenda, S. 62.
[13] Ebenda, S. 24.

philosophierenden Naturwissenschaftlern ist für Prigogine sowohl eine breitere naturwissenschaftliche Basis seiner philosophischen Verallgemeinerungen charakteristisch, als auch — ungeachtet einiger stilistischer Überspitzungen in der Darstellung — eine Denkweise, die derjenigen der philosophischen Dialektik sehr nahekommt.

3.

Als ein Schlüsselproblem der Metamorphose der Wissenschaft betrachtet Prigogine die Vereinigung der Wissenschaften von den reversiblen Bewegungen mit den Wissenschaften der irreversiblen Prozesse, also der Wissenschaft des Seins mit der Wissenschaft des Werdens.[14] Er legt dieses Schlüsselproblem in folgender Formulierung vor: „Wir sagten oben, daß das Leben nun begonnen habe, als ebenso ‚natürlich‘ zu erscheinen wie ein fallender Körper. Was hat der natürliche Prozeß der Selbstorganisation mit einem fallenden Körper zu tun? Welche Verbindung gibt es zwischen der Dynamik, der Wissenschaft von Kräften und Trajektorien, und der Wissenschaft von der Komplexität und dem Werden, der Wissenschaft von den Lebensprozessen und der natürlichen Entwicklung, an der sie teilhaben? Am Ende des 19. Jahrhunderts wurde die Irreversibilität mit den Erscheinungen der Reibung, der Viskosität und der Erwärmung in Zusammenhang gebracht. Sie lag den Energieverlusten und der Verschwendung zugrunde. Damals konnte man an die Fiktion glauben, daß die Irreversibilität auf unserer Ungeschicklichkeit und der Ungenauigkeit unserer Maschinen beruhe und daß die Natur im Grunde reversibel sei. Diese Konzeption ist unhaltbar geworden, denn wir wissen heute, daß die irreversiblen Prozesse eine konstruktive Rolle spielen. Deshalb kann nicht länger die Frage zurückgehalten werden: Welche Beziehung besteht zwischen dieser neuen Wissenschaft von der Komplexität und der Wissenschaft vom einfachen, elementaren Verhalten? Welche Beziehung besteht zwischen diesen entgegengesetzten Naturauffassungen? Zwei Wissenschaften, zwei Wahrheiten für eine einzige Welt — wie ist das möglich? ... Wie können wir die Kluft zwischen Sein und Werden überbrücken-

[14] Vgl. I. Prigogine/I. Stengers, La Nouvelle Alliance. Métamorphose de la science, Paris 1979, S. 216.

zwischen zwei Konzepten, die einander unverhüllt widersprechen und dennoch beide notwendig sind, um zu einer kohärenten Beschreibung dieser seltsamen Welt zu gelangen, in der wir leben?"[15]

Diese Fragestellung verbindet Prigogine allerdings mit einer Kritik am dialektischen Materialismus. Er schreibt: „Die neueren Entwicklungen der thermodynamischen Theorie haben also die Heftigkeit, mit der die Dynamik und die Thermodynamik aufeinanderprallen, noch verstärkt. Die Behauptung, die Eigentümlichkeiten der Thermodynamik könnten auf Näherungen reduziert werden, die unserem unvollkommenen Wissen zuzuschreiben sind, erscheint unangemessen, nachdem die konstruktive Bedeutung der Entropie erfaßt und die Möglichkeit einer Verstärkung von Schwankungen erkannt wurde. Umgekehrt fällt es schwer, die Gesetze der Dynamik mit Hilfe der Irreversibilität zu widerlegen: Die Planetenbewegung ist konservativ und unterliegt keiner Änderung; in der Bewegung eines idealen Pendels gibt es keine Irreversibilität. Anscheinend haben wir zwei einander widersprechende Welten — eine Welt der Trajektorien und eine Welt der Prozesse —, und es besteht keine Möglichkeit, die eine zu widerlegen und die andere zu beweisen ... Als Engels seine *Dialektik der Natur* verfaßte, schien es, als hätten sich die Naturwissenschaften von der mechanistischen Weltanschauung befreit und als wären sie der Idee einer historischen Entwicklung der Natur näher gekommen. Engels führt drei fundamentale Entdeckungen an: die Energie und die Gesetze ihrer qualitativen Umwandlungen, die Zelle als Grundbaustein des Lebendigen und Darwins Entdeckung der Evolution der Arten. Angesichts dieser großartigen Entdeckungen kam Engels zu dem Schluß, daß der Mechanizismus tot sei. Der dialektische Materialismus stand jedoch vor einer grundlegenden Schwierigkeit. Welcher Art sind die Beziehungen zwischen den allgemeinen Gesetzen der Dialektik und den gleichermaßen universalen Gesetzen der mechanischen Bewegung? Ist es so, daß die letzteren nach einem bestimmten Punkt ‚aufhören' zu gelten, oder sind sie einfach falsch oder unvollständig? Wie kann man, um auf unsere Frage zurückzukommen, die Welt der Prozesse und die Welt der Trajektorien miteinander verknüpfen?"[16]

[15] I. Prigogine/I. Stengers, Dialog mit der Natur, a. a. O., S. 198f.

[16] Ebenda, S. 218f. — In „La Nouvelle Alliance", a. a. O., S. 283f., wird die Kritik noch schärfer ausgedrückt.

Prigogines Kritik des dialektischen Materialismus beruht auf einem offensichtlichen Mißverständnis. Niemals und nirgends haben Marx oder Engels, begreiflicherweise auch nicht Lenin, die von Newton entdeckten und von Laplace, Hamilton u. a. weiterentwickelten Gesetze der Dynamik für „falsch" erklärt. Sie kritisierten zwar Newton und die Newtonsche Wissenschaft als unhistorische Naturauffassung, hielten aber die Entdeckung der Gesetze der mechanischen Bewegung für genial. Für die Vertreter der dialektisch-materialistischen Historisierung der Seins- und Denkformen stellt die klassische Mechanik, sofern sie in den Grenzen ihrer durch Erklärungsleistungen sich bestätigenden Gültigkeit verbleibt, eine wissenschaftliche Theorie dar, die objektiv richtig und in ihren praktischen Applikationen für die gesellschaftliche Entwicklung äußerst bedeutsam ist.

Die dialektisch-materialistische Historisierung beinhaltet als unumstößliche Voraussetzung — durchaus im Unterschied zu Hegels spekulativ-idealistischer Historisierung — einen Zugang, der jede den Tatsachen gegenüber willkürliche Konstruktion verwirft. „Darüber sind wir alle einig", schrieb Engels, „daß auf jedem wissenschaftlichen Gebiet in Natur wie Geschichte von den gegebenen *Tatsachen* auszugehn ist, in der Naturwissenschaft also von den verschiednen sachlichen und Bewegungsformen der Materie; daß also auch in der theoretischen Naturwissenschaft die Zusammenhänge nicht in die Tatsachen hineinzukonstruieren, sondern aus ihnen zu entdecken und, wenn entdeckt, erfahrungsmäßig soweit dies möglich nachzuweisen sind."[17] Die Einbeziehung der Newtonschen Mechanik in die historische Naturauffassung besteht nicht darin, daß ihre Gültigkeit aufgehoben wird, daß ihre Gesetze für irrig oder ungültig erklärt werden oder daß ein Konflikt zweier Arten von „gleichermaßen universalen Gesetzen" festgeschrieben werden würde, sondern darin, daß die Newtonsche Wissenschaft der Verabsolutierung entkleidet und als wichtiges, aber untergeordnetes Moment eines weitergespannten, komplexeren Ganzen, d. h. eines Entwicklungsganzen, verstanden wird.

Analog dazu besteht die dialektisch-materialistische Historisierung jenes Teiles der Wissenschaft von den Denkformen, den wir als formale Logik bezeichnen, auch nicht in der Leugnung etwa der Syllogistik des Aristoteles, sondern darin, daß die Beziehungen des Allgemeinen—Besonderen—Einzelnen, die von der traditionellen

[17] F. Engels, Dialektik der Natur, in: MEW, Bd. 20, a. a. O., S. 334.

Syllogistik als ahistorische und fixe behandelt werden, nun als nur relativ stabil, als Moment von Strukturen der Selbstgestaltung, der Entwicklung aufgefaßt werden. Dieses Entwicklungsmoment darf nicht als scheinbares, sondern muß als ihr objektiv reales Moment begriffen und abgebildet werden.

Prigogines Bemerkung, daß „Engels zu dem Schluß kam, daß der Mechanizismus tot sei", ist zweideutig. Es kann damit gemeint sein, daß Engels die Verabsolutierung des Newtonschen Wissenschaftstyps, die Verabsolutierung des in der Begriffswelt der klassischen Mechanik gedachten Determinismus ablehnte. Diese Deutung ist zweifellos mit der Anerkennung der Gültigkeit der dynamischen Gesetze in ihrem Bereich vollständig vereinbar. Die zweite Deutung — eine Mißdeutung — bestünde in der Behauptung, daß Engels die Gesetze der Mechanik in irgendeinem Sinne dieses Wortes für ungültig hielt. Wenn Engels in seiner *Dialektik der Natur* darlegt, daß das wissenschaftliche Denken in fixen Kategorien in engeren oder weiteren Grenzen — abhängig vom Bezugssystem des Gegenstandes — durchaus hinreichend und notwendig ist,[18] so liegt es auf der Hand, daß er das, was Prigogine als Beziehung zwischen der Wissenschaft des Seins und der Wissenschaft des Werdens formuliert, anders auffaßt denn als Beziehung zweier Arten von gleichermaßen universalen Gesetzen.

Dieses Problem hängt mit der allgemeineren Frage zusammen, die wir unter verschiedenen Aspekten in allen vorherigen Kapiteln verfolgt haben: der Beziehung der verständigen zu den dialektisch-vernünftigen Denkformen. Die nähere Erörterung dieser Fragen ist nicht möglich, ohne auf die Analyse der diesbezüglichen logisch-ontologischen Problematik einzugehen. Prigogine selbst ist in dieser Hinsicht ziemlich karg. Er berührt diese Problematik mit einigen Bemerkungen, wie z. B.: „Heute schließlich können wir in gewisser Vereinfachung sagen, daß unser Interesse sich von der Substanz auf die Beziehungen, auf die Kommunikation, auf die Zeit verlagert."[19] Oder: „Mit der Entdeckung von Prozessen der Selbstorganisation sind die Grenzen des allgemeingültigen deduktiven Verfahrens der Thermodynamik deutlich geworden."[20] In der Regel beruft sich Prigogine auf seinen philosophischen Meister A. N. Whitehead, wenn es um die logisch-ontologischen

[18] Vgl. ebenda, S. 485.
[19] I. Progogine/I. Stengers, Dialog mit der Natur, a. a. O., S. 12.
[20] Ebenda, S. 219.

Aspekte des Übergangs vom Sein zum Werden geht. Wir werden diese Fragen im nächsten Abschnitt dieses Kapitels eingehender besprechen.

Bevor wir das tun, sei hier noch erwähnt, wie Prigogine selbst die Frage, deren dialektisch-materialistische Lösung er so fehlerhaft interpretierte, d. h. die Frage, wie man die Welt der Prozesse und die Welt der Trajektorien miteinander verknüpfen kann, beantwortet. Die Brücke über das angeführte Schisma der zwei Welten wird — nach Prigogine — vor allem durch den tiefgreifenden Wandel des Zeitbegriffs gebildet. „Man kann sagen, daß die Physik heute nicht mehr die Zeit und auch nicht ihre Richtung leugnet. Sie erkennt an, daß es die irreversible Zeit der Entwicklung zum Gleichgewicht gibt, die rhythmische Zeit der Strukturen, deren Aktivität von den sie durchfließenden Strömen genährt wird, die sich verzweigende Zeit der Entwicklung durch Instabilitäten, ja sogar die mikroskopische Zeit, ... in der sich die dynamische Instabilität auf der mikroskopischen Ebene äußert. Jedes komplexe Wesen beinhaltet eine Vielfachheit von Zeiten, die alle durch subtile und komplexe Verbindungen miteinander verknüpft sind.“[21]

Diese Multiplizität der Zeit — und dementsprechend die Vielfalt von Prozessen mit vielfältiger Determinationsweise — begreift Prigogine manchmal im Sinne eines metaphysischen Pluralismus, und dann ist seine „Brücke“ eigentlich eine Scheinlösung. Die verschiedenartigen Prozesse, Zeiten, Determinationen werden in dieser Begriffsbildung nur nebeneinandergestellt.[22] Doch kann man bei Prigogine auch Ansätze einer tieferen Lösung, des eigentlichen Begreifens der widersprüchlichen Einheit von Beständigkeit und Veränderung, von Zufall und Notwendigkeit, von Vielfalt und Einfachheit, von Symmetrie und Asymmetrie, von Chaos und Ordnung, von Universalem und Partikularem finden. Er sagt z. B. über die Begriffe Sein und Werden, daß sie zwei Konzeptionen vertreten, „die einander unverhüllt widersprechen und dennoch beide notwendig sind“, um zu einer kohärenten Beschreibung unserer Welt zu gelangen.[23] An einer anderen Stelle bemerkt er scharfsinnig: „Nur weil wir uns der Irreversibilität

[21] Ebenda, S. 286f.
[22] Vgl. Prigogines Gespräch mit der Redaktion der Zeitschrift „Dialektik“, in: Dialektik 5, Köln 1982, S. 131 u. a.
[23] I. Prigogine/I. Stengers, Dialog mit der Natur, a. a. O., S. 199.

des Werdens bewußt sind, können wir die reversible Bewegung erkennen. Gleichwohl stellt die Welt der reversiblen Trajektorien ein begriffliches und technisches Bezugsschema dar."[24] Auch über Zufall und Notwendigkeit weiß Prigogine weit mehr zu sagen, als nur, daß sie nebeneinander bestehen und beide für die Erklärung der Natur erforderlich sind. Wir lesen bei ihm z. B.: „Prozesse der Selbstorganisation unter gleichgewichtsfernen Bedingungen stellen ein delikates Wechselspiel zwischen Zufall und Notwendigkeit, zwischen Schwankungen und deterministischen Gesetzen dar. Wir nehmen an, daß in der Nähe einer Verzweigung Schwankungen, Zufallselemente, eine bedeutende Rolle spielen, während zwischen den Verzweigungen die deterministischen Aspekte vorherrschend werden."[25] In Prozessen der Selbstorganisation spielen Zufall und Notwendigkeit „gleichermaßen eine wesentliche Rolle"[26], man kann von „einer komplexen Dialektik von Zufall und Notwendigkeit"[27] sprechen.

[24] Ebenda, S. 287.
[25] Ebenda, S. 175.
[26] Ebenda, S. 176.
[27] Ebenda, S. 204. — Vgl. ebenda, S. 137: „In der Welt, die wir kennen, ist das Gleichgewicht ein seltener und prekärer Zustand. Schon die Entwicklung auf das Gleichgewicht hin setzt eine Welt wie die unsere voraus, die weit genug von der Sonne entfernt ist, damit die partielle Isolierung eines Systems auch nur vorstellbar wird (bei der Temperatur der Sonne ist eine ‚Konservendose' nicht möglich), in der aber das Nichtgleichgewicht die Regel ist — eine ‚lauwarme' Welt, in der Gleichgewicht und Nichtgleichgewicht koexistieren." — „Die Welt der Elementarteilchen ist nicht einfacher als das Weltall. Die einzigen Objekte, deren Verhalten wirklich ‚einfach' ist, gehören unserer eigenen Welt, unserer makroskopischen Größenordnung an. Es sind die ersten Objekte, denen die Newtonsche Wissenschaft sich zuwandte: Planeten, fallende Körper und Pendel. Die klassische Wissenschaft hatte sich ihre Objekte sorgfältig in diesem mittleren Bereich ausgewählt. Wir wissen heute jedoch, daß diese Einfachheit nicht das Merkmal des Fundamentalen ist und daß sie auch der übrigen Welt nicht zugeschrieben werden kann ... Wir wissen heute, daß Stabilität und Einfachheit Ausnahmen sind." (ebenda, S. 224.) — „Lange wurde die Turbulenz mit Unordnung, mit Rauschen gleichgesetzt. Heute wissen wir jedoch, daß das nicht der Fall ist. Auf der makroskopischen Ebene erscheint die turbulente Bewegung zwar als irregulär und chaotisch, doch ist sie auf der mikroskopischen Ebene im Gegenteil hochgradig organisiert." (ebenda, S. 150.) — „... Ein

Wenn Prigogine die Denkbestimmungen näher explizieren würde, die schon in dem enthalten sind, was er selbst an einigen Stellen über Zufall und Notwendigkeit, über Beständigkeit und Veränderung, über Chaos und Ordnung oder über Symmetrie und Asymmetrie sagt, müßte er dicht an die dialektisch-materialistische Fassung solcher Verhältnisse herankommen, nach der „alle polaren Gegensätze überhaupt bedingt sind durch das wechselnde Spiel der beiden entgegengesetzten Pole aufeinander“ und „die Trennung und Entgegensetzung dieser Pole nur besteht innerhalb ihrer Zusammengehörigkeit und Vereinigung, und umgekehrt ihre Vereinigung nur in ihrer Trennung, ihre Zusammengehörigkeit nur in ihrer Entgegensetzung“[28] besteht. Dementsprechend müßte Prigogine auch den Hegelschen Widerspruch als „Springquelle aller Dialektik“ (Marx) positiver zu bewerten wissen.

4.

Ähnliches gilt auch von *A. N. Whitehead*, der in seinem Buch *Prozeß und Realität*[29] den Versuch einer prozessualen Auffassung aller Realität unternommen hat. In der Zeit und in den Umständen seines ersten Erscheinens war das Buch zweifellos eine bedeutende wissenschaftliche und philosophische Tat. Doch blieb der Autor auf halbem Wege und in einer Weltanschauung stehen, die auf die Vereinigung von Philosophie, Wissenschaft und Religion ausgerichtet war.[30]

Pendel hat eine klassische Zeit, aber keine Geschichte, denn um Geschichte zu haben, ist eine Polarisation nötig ...“ (Gespräch in „Dialektik 5“, a. a. O., S. 125.)

[28] F. Engels, Dialektik der Natur, in: MEW, Bd. 20, a. a. O., S. 357.

[29] A. N. Whitehead, Process and Reality. An Essay in Cosmology, Cambridge 1929. — Wir zitieren die deutsche Übersetzung (im folgenden: PuR) nach der Ausgabe: A. N. Whitehead, Prozeß und Realität. Entwurf einer Kosmologie, Frankfurt a. M. 1979, den englischen Originaltext (im folgenden: PaR) nach: A. N. Whitehead, An Anthology, Selected by F. S. C. Northrop and M. W. Gross, Cambridge 1953.

[30] A. N. Whitehead, PuR, S. 53: „Die Philosophie ... gewinnt ihre Bedeutung hauptsächlich daher, daß sie die beiden, nämlich Religion und Wissenschaften, zu einem rationalen Denksystem verschmilzt.“.

Prigogine wird, wie er selbst sagt, von Whiteheads Philosophie, „durch ihre ungewöhnliche Entschlossenheit, eine alles umfassende Konsistenz zu erreichen“[31], fasziniert. Er schreibt: „Whitehead hatte wohl deutlicher als jeder andere begriffen, daß das schöpferische Werden der Natur als die letzte, irreduzible Tatsache, die jeder physikalischen Existenz zugrunde liegt, undenkbar wäre, wenn die Grundelemente dieser Natur als beständige individuelle Entitäten definiert würden, die durch alle Wandlungen und Wechselwirkungen hindurch ihre Identität bewahren. Würde man dagegen die Beständigkeit zu einer Illusion erklären und das Sein im Namen des Werdens, die Entitäten im Namen eines unablässigen, sich ständig wandelden Fließens negieren, so würde man wiederum in die Falle geraten ... Nach Whitehead sollte es also die Aufgabe der Philosophie sein, Beständigkeit und Werden miteinander zu versöhnen, die Dinge als Prozesse zu denken, das Werden zu fassen als die Ausbildung von identifizierbaren Entitäten, von individuellen Entitäten, die geboren werden und sterben. ... Whitehead verdeutlicht den Zusammenhang zwischen einer Philosophie der *Beziehung* — es gibt in der Natur kein Element, das eine dauerhafte Grundlage von wandelbaren Beziehungen wäre, und jedes Element erhält eine Identität aus seinen Beziehungen mit den übrigen — und einer Philosophie des *Neuerungen bringenden Werdens*. Alles Existierende vereint im Prozeß seiner Entstehung die Mannigfaltigkeit, aus der die Welt besteht, und bereichert diese Mannigfaltigkeit um zusätzliche Beziehungen.“[32]

Wir wollen einige Bestimmungen der prozessualen Konzeption von Whitehead kritisch betrachten, um so die Darstellung der Spezifik der dialektisch-materialistischen Historisierung der Denkformen zu vertiefen. Unsere Argumentation will zeigen, daß Whiteheads Kritik des ahistorischen Typs der wissenschaftlichen Rationalität nicht radikal genug ist und daß eine auf die Ergebnisse der modernen Wissenschaft gestützte konsequentere Durchführung der prozessualen Konzeption der Welt möglich ist. Doch kann die radikalere Auffassung der Prozessualität nicht ohne die materialistische Entmystifizierung der Hegelschen Entdeckungen im Bereich der Logik auskommen und muß demnach auf dem Weg von Marx, Engels und Lenin weiterzugehen versuchen.

Was zunächst die logisch-ontologischen Grundlagen des Denkens

[31] I. Prigogine/I. Stengers, Dialog mit der Natur, a. a. O., S. 101.
[32] Ebenda, S. 102f.

angeht, vertritt Whitehead seine Überzeugung, daß prozessuales Denken das Aufgeben der Subjekt-Prädikat-Form der Aussage voraussetzt, „soweit sie auf der Voraussetzung beruht, diese Form sei eine direkte Verkörperung der elementarsten Kennzeichnung des Tatsächlichen. Daraus folgt", so setzt Whitehead fort, „daß das ‚Substanz-Qualität'-Konzept umgangen wird; und die morphologische Beschreibung wird durch die Beschreibung dynamischer Prozesse ersetzt."[33] „Es ist ganz wesentlich ..., daß der Begriff eines wirklichen Einzelwesens als das unveränderte Subjekt der Veränderung vollständig aufgegeben wird ... Diese Zurückweisung widerspricht direkt Kants ‚Erster Analogie der Erfahrung' in ihren beiden Darstellungsweisen (1. oder 2. Auflage)."[34]

Whitehead wendet sich also gegen die Voraussetzung, daß „die ‚Subjekt-Prädikat'-Form der Aussage die letztlich adäquate Darstellungsform hinsichtlich der wirklichen Welt verkörpert"[35]. Den deutlichsten Ausdruck dieser Voraussetzung findet Whitehead bei Descartes: „Descartes stellte die grundlegende metaphysische Frage: Was bedeutet es, ein wirkliches Einzelwesen zu sein? Er fand drei Arten von wirklichen Einzelwesen, nämlich denkende Geister, ausgedehnte Körper und Gott. Sein Wort für ein wirkliches Einzelwesen war ‚Substanz'. Die fundamentale Aussage, mittels derer die Analyse der Wirklichkeit geleistet werden konnte, nahm die Form an, der jeweiligen Substanz eine Qualität zuzuordnen. Eine Qualität war entweder ein Akzidenz oder ein wesentliches Attribut. In der cartesischen Philosophie war Raum für drei verschiedene Arten der Veränderung: zunächst die Veränderung der Akzidenzien einer dauerhaften Substanz; dann die Entstehung einer individuellen Substanz; und schließlich das Aufhören der Existenz einer dauerhaften Substanz."[36]

Dabei gilt für Whitehead allerdings: „Der einfache Begriff einer dauerhaften Substanz, die entweder wesentliche oder akzidentelle beständige Qualitäten durchhält, drückt ein für viele Belange des Lebens nützliches Abstraktum aus. Aber immer, wenn wir versuchen, ihn als eine grundlegende Darstellung der Natur der Dinge zu verwenden, erweist er sich als falsch."[37] Whitehead

[33] A. N. Whitehead, PuR, S. 38 (PaR, S. 571).
[34] Ebenda, S. 75f. (PaR, S. 598).
[35] Ebenda, S. 78 (PaR, S. 599).
[36] Ebenda, S. 271 (PaR, S. 731).
[37] Ebenda, S. 159f. (PaR, S. 655).

bringt diese Argumentation in Zusammenhang mit Aristoteles: Die Angewohnheit, die Subjekt-Prädikat-Form des Denkens als fundamental anzusehen, hatte sich „während der langen mittelalterlichen Periode aufgrund der Überbetonung der aristotelischen Logik im europäischen Bewußtsein eingenistet ... Hinsichtlich dieser Rückwendung des Bewußtseins war Aristoteles vermutlich kein Aristoteliker."[38]

Whitehead kritisiert die Newtonsche Auffassung der wissenschaftlichen Rationalität, sie beinhalte „keinen Hinweis auf den Aspekt der Selbst-Erschaffung, der Erzeugung, der *φύσις* oder der *natura naturans* ..., der in der Natur so deutlich zutagetritt"[39]. Newton „sah keine Evolution der Materie vor ... Die Folge war, daß man im modernen Denken immer stillschweigend voraussetzte, daß es keine Evolution der Materie gibt."[40]

Diese und ähnliche Gedanken Whiteheads tragen zweifellos zur Klärung der Unentbehrlichkeit des prozessualen Denkens für die gegenwärtige Wissenschaft bei. Whiteheads Konzeption des prozessualen Denkens bleibt jedoch ein Torso, weil sie — trotz einiger diesbezüglicher Ansätze — die Folgen des entwicklungsmäßigen Zugangs für die logische und logisch-ontologische Problematik nicht genügend entwickelt. Sie gießt in dieser Beziehung jungen Wein in alte Schläuche.

Seinem Werk *Process and Reality*, in dem er seine Auffassung vom prozessualen Denken am vollständigsten darlegt, setzt Whitehead das Ziel „ein kohärentes, logisches und notwendiges System allgemeiner Ideen zu entwerfen, auf dessen Grundlage jedes Element unserer Erfahrung interpretiert werden kann"[41]. Unter dem Begriff „interpretation" versteht er, „daß alles, dessen wir uns als Erlebnis, Wahrnehmung, Wille oder Gedanke bewußt sind, den Charakter eines besonderen Falles im allgemeinen System haben soll". Und den in der oben angeführten Charakteri-

[38] Ebenda, S. 112 (PaR, S. 622). — Ähnlich ebd., S. 77f.: „Die Vorherrschaft der aristotelischen Logik von der Spätklassik an führte dazu, daß das metaphysische Denken in Kategorien gezwängt wurde, die sich natürlich aus deren Nomenklatur ableiten ließen. Das Übergewicht seiner Logik scheint Aristoteles' eigenen metaphysischen Spekulationen nicht entsprochen zu haben." (PaR, S. 599).

[39] Ebenda, S. 184 (PaR, S. 671).

[40] Ebenda, S. 187f. (PaR, S. 674).

[41] Ebenda, S. 31 (PaR, S. 567).

stik des prozessualen Denkens verwendeten Begriff des „Logischen“ präzisiert Whitehead wie folgt: „Der Terminus ‚logisch‘ wird in seiner herkömmlichen Bedeutung verwendet; er bezieht sich also auf innere ‚Logik‘ oder Widerspruchsfreiheit, die logische Bestimmung von Konstrukten, die Veranschaulichung logischer Allgemeinbegriffe durch Einzelfälle und die Prinzipien der Schlußfolgerung.“[42]

Whitehead versteht hier also die Beziehung zwischen dem Allgemeinen und Besonderen als Subsumption im Geiste der abstrakten Allgemeinheit, ohne die Problematik der beweglichen Einheit des Allgemeinen und des Besonderen zu thematisieren. Das wäre jedoch eine sachliche Voraussetzung jeder theoretischen Klärung des Wesens eines konsequent entwicklungsmäßigen Denkens. Daran ändert die Tatsache nichts Wesentliches, daß Whitehead im Laufe seiner Darlegung mehrmals zur Formulierung einer anderen als abstrakt subsumptionsmäßigen Beziehung von Allgemeinem und Besonderem gelangt.[43] Vielmehr bestätigt dieses der Natur der Sache folgende Überschreiten seiner eigenen Formbestimmungen unsere Ansicht, daß Whitehead die logisch-ontologischen Grundlagen des Entwicklungsdenkens nicht genügend expliziert hat.

Entscheidendes Charakteristikum der Auffassung des prozessualen Denkens bei Whitehead bleibt die Tatsache, daß der nicht ausreichend den logischen Charakter dieser und ähnlicher, die Einheit gegensätzlicher Bestimmungen zum Ausdruck bringenden Bestimmungen, reflektiert. Man kann sagen, daß Whitehead einige Probleme des entwicklungsmäßigen Herangehens an die logische Problematik *eröffnet*,[44] im allgemeinen jedoch in diesem Bereich konservativ bleibt.[45]

[42] Ebenda, S. 31f. (PaR, S. 567).

[43] Vgl. PuR, S. 106, 284: „Die antithetischen Termini ‚Universalien‘ und ‚Besonderes‘ sind ... etwas irreführend ... Daher ist jede sogenannte ‚Universalie‘ in dem Sinne partikular, daß sie genau das ist, was sie ist, und sich von allem anderen unterscheidet; und jedes sogenannte ‚Besondere‘ ist in dem Sinne universell, daß es in die Beschaffenheit anderer wirklicher Einzelwesen eingeht.“ (PaR, S. 618, 740.)

[44] Whiteheads Kritik der Kantschen ersten Analogie der Erfahrung gehört sicherlich zu den wichtigsten diesbezüglichen Schritten. Ebenso solche Ideen Whiteheads, wie z. B. PuR, S. 69: „Daher kann die Bestimmtheit und Identität eines Einzelwesens nicht von

Whitehead entwickelt die logischen Voraussetzungen und Konsequenzen einer konsequent entwicklungsmäßigen Auffassung der Wirklichkeit nur unzureichend, bzw. — um dem naheliegenden Mißverständnis vorzubeugen, in dem Terminus „logisch" nur den traditionellen, formallogischen Inhalt zu denken, der das „Logische" und das „formal Logische" identifiziert — er erkennt nicht ausreichend, in welcher Richtung die logische Theorie umgestaltet und umgearbeitet werden muß, um die entwicklungsmäßige Auffassung aller Wirklichkeit durchführen und begründen zu können.

Er identifiziert logische Konsistenz und „lack of contradiction", und zwar dessen ungeachtet, daß er des öfteren auf die Unzulänglichkeit der üblichen formallogischen Forschungen und der auf ihnen beruhenden Philosophie der Logik für ein wahrhaft prozessuales Denken hingewiesen hat, und auch dessen ungeachtet, daß er selbst ausdrücklich die Einbeziehung logischer Begriffe in den breiteren Rahmen der logisch-ontologischen Forschungen gefordert hat.[46] Bemerkenswert ist übrigens, daß sich Whitehead in diesem Zusammenhang ausdrücklich von den einleitenden philosophisch-logischen Ausführungen distanziert, die die Darstellung der mathematischen Logik in den *Principia Mathematica*

der Gesamtheit der verschiedenen Wirkungsweisen aller Einzelwesen abstrahiert werden ... Daher vereinigt ein wirkliches Einzelwesen Identität und Verschiedenheit in sich." (PaR, S. 593.) — Vgl. auch die unten angeführte Whiteheadsche Kritik der Verabsolutierung der mathematischen Logik vom Typ der Principia Mathematica (PuR, S. 39f.; PaR, S. 573).

[45] Auch R. Wiehl, Einleitung in die Philosophie A. N. Whiteheads (Vorwort zur deutschen Ausgabe von A. N. Whitehead, Abenteuer der Ideen, Frankfurt a. M. 1971) kommt zu der Feststellung: „Gleichwohl ist Whiteheads Philosophie der Subjektivität alles andere als eine dialektische Theorie der Vernunft und der Geschichte. Ihre Grundlage bildet nicht eine dialektische Wissenschaftstheorie und Logik, sondern die mathematische Logik ... Nicht nur seine berühmten Untersuchungen auf dem Gebiete der Naturphilosophie in der Zeit zwischen 1914 und 1924, sondern auch deren Weiterentwicklung in Richtung auf eine rationale Metaphysik beruhen auf dieser logisch-mathematischen Grundlage." (Ebenda, S. 66.) — Eine reiche Auswahl der Sekundärliteratur über Whitehead ist dieser Übersetzung beigefügt.

[46] Vgl. A. N. Whitehead, PuR, S. 32: „Es wird sich zeigen, daß auch die logischen Begriffe im System der philosophischen Begriffe Platz finden müssen." (PaR, S. 567).

begleiteten. Er sagt, die Formulierungen der Einleitung in der ersten und insbesondere die Erweiterung in der zweiten Ausgabe der *PM* „stammen praktisch von Russell, und in der zweiten Auflage gehen sie ganz auf ihn zurück". Whitehead vertritt die Meinung: „Die Philosophie hat sich durch das Beispiel der Mathematik irreführen lassen; und selbst in der Mathematik stehen der Darlegung der elementaren logischen Prinzipien Schwierigkeiten im Wege, die bisher unüberwindlich sind."[47] Trotz dieser Vorbehalte beharrt Whitehead — wie wir gesehen haben — auf einem Standpunkt, der die logische Konsistenz und die „Abwesenheit des Widerspruchs" identifiziert.

Für das konsequente Entwicklungsdenken, das eine dialektisch-materialistische doppelte Historisierung der logischen Formen vornimmt, erscheint das Problem der (logischen) Konsistenz anders. Im dialektisch-materialistischen Typ der wissenschaftlichen Rationalität hat ein weitergefaßter Begriff der logischen Konsistenz seinen Platz, der sowohl die Eliminierung des formallogischen Widerspruchs als auch die positive Rolle des dialektischen Widerspruchs im Entwicklungsdenken umfaßt und für den *dialektisch-materialistischen Determinismus* — im Unterschied zum strikten mechanistischen Determinismus u. a. — charakteristisch ist.

In dialektisch-materialistischer Sicht münden alle zuletzt angeschnittenen Fragen in das Problem des Übergangs vom klassischen (Newton-Laplaceschen) Determinismus zum dialektisch-materialistischen Determinismus. Prigogine kommt dieser Sichtweise sehr nahe, wenn er schreibt: „Sowohl in der Welt der Physik als auch in der Welt der Biologie entdecken wir nun auffällige Dissymmetrien ... Wir stoßen wieder auf die Frage von ‚Gesetz' oder ‚Zufall'. Wir müssen möglicherweise den ganzen Begriff des ‚Gesetzes' revidieren."[48] Weil er aber mit einem zu engen Begriff des „Determinismus" arbeitet (der eigentlich in der Verabsolutierung des Newtonschen Wissenschaftstyps verbleibt), formuliert er die theoretische Aufgabe einer umfassenderen entwicklungsmäßigen Form des Determinismus nicht selten in einer verworrenen Weise. Er sagt z. B.: „Wir finden uns in einer Welt des Zufalls wieder, einer Welt, in der Reversibilität und Determinismus nur für einfache Grenzfälle gelten, während Irreversibilität und Unbe-

[47] Ebenda, S. 40 (PaR, S. 573).
[48] I. Prigogine/I. Stengers, Dialog mit der Natur, a. a. O., S. 289.

stimmtheit die Regel sind."[49] Oder: „Der Determinismus weicht, wie wir gesehen haben, einer komplexen Dialektik von Zufall und Notwendigkeit, der Unterscheidung zwischen Regionen der Instabilität und stabilen Regionen zwischen den Verzweigungen, wo die deterministischen Gesetze des Durchschnitts vorherrschen. Das Konzept der Ordnung durch Schwankungen verwirft das statische Universum der Dynamik zugunsten einer offenen Welt, in der durch Aktivität Neues entsteht, in der Entwicklung Innovation, Schöpfung und Zerstörung, Geburt und Tod bedeutet."[50] Oder auch: „Die Frage nach der Zukunft hingegen ist kein ontologisches Problem. Es ist einfach die Frage, wieviel Determinismus und wieviel Zufall wir in unsere Modelle zu stecken haben, und die Antwort lautet wiederum, wie schon bei Zeit und Geschichte, daß wir heute beides brauchen, die Zufälligkeit *und* den Determinismus. Wir sehen Erscheinungen, für die der Zufall wesentlich ist, und wir sehen Erscheinungen, für die im Gegenteil deterministische Muster wesentlich werden. Dies führt uns wiederum zu einem Pluralismus der Gesichtspunkte ..."[51].

Doch das Eigentümliche des dialektisch-materialistischen Determinismus bestimmt sich in diesem Zusammenhang anders, als es in Prigogines Auslegung der neueren wissenschaftlichen Ergebnisse erscheint. Vom dialektisch-materialistischen Standpunkt aus ist Prigogines Ansicht, daß „der Determinismus einer komplexen Dialektik von Zufall und Notwendigkeit weicht", unannehmbar. Eine komplexe Dialektik von Zufall und Notwendigkeit — spezifisch für verschiedene Wirklichkeitssphären und offen für eine noch nicht dagewesene Komplexität in zukünftigen Entwicklungen — gehört zum Kerninhalt des neuen, dialektisch-materialistischen Determinismus, ebenso wie eine Dialektik von Notwendigkeit und Freiheit.[52] Überhaupt sind die Determina-

[49] Ebenda, S. 18.

[50] Ebenda, S. 204.

[51] Gespräch in „Dialektik 5", a. a. O., S. 131.

[52] Es ist zu berücksichtigen, daß der dialektisch-materialistische Determinismus als Endpunkt der philosophischen Entwicklung von Kant über Hegel bis Marx und Engels entsteht. Kants Hauptproblem in diesem Zusammenhang war: Wenn autonomes Sein mit der Newtonschen Rationalität, die ihren unerschütterlichen Platz in der Naturwissenschaft hat, unbegreifbar ist und wenn kein Zweifel daran herrscht, daß autonomes Sein (d. h. insbesondere der als moralische Persönlichkeit bewußt handelnde Mensch)

tionsweisen im dialektisch-materialistischen Rationalitätstyp als vielfältig und abhängig von der jeweiligen Gegenstandsstruktur zu fassen, also als nicht reduzierbar auf irgendeine einfache, fixe und abstrakt universale Determiniertheit zu denken. Die Newton-Laplacesche Auffassung des Determinismus, die die Zufälligkeit ausschließt und den Kausalnexus auf eine eindeutige lineare Kette von Ursachen und Wirkungen reduziert, ist bloß eine der Formen der objektiven Determination.

Der Inhalt des dialektisch-materialistischen Determinismus kann nicht anders als mit Hilfe der ganzen, sich entwickelnden Theorie der materialistischen Dialektik als „Wissenschaft von den allgemeinen Bewegungs- und Entwicklungsgesetzen der Natur, der Menschengesellschaft und des Denkens“[53] erläutert werden. Es ist dies eine Wissenschaft des Gesamtzusammenhangs[54], der allgemeinen Bewegungs-, Veränderungs- und Übergangsformen, der allgemeinen Formen der Determination. Ihr Kernstück ist die Theorie der flüssigen Natur, des unauflösbaren Zusammenhanges und der Durchdringung gegensätzlicher Bestimmungen. Der hier vorkommende Begriff „allgemeine Bewegungs- und Entwicklungsgesetze“ ist nicht im Sinne einer einfachen positivistischen Induktion gemeint. Es geht nicht um die ahistorische Allgemeinheit, die als Abstraktion über dem Entwicklungsprozeß stehenbleibt. Es geht um die Formen der Allgemeinheit und der Notwendigkeit von Sein und Denken (als Widerspiegelung des Seins), also um die allgemeinsten Formen der Determination schlechthin, wobei berücksichtigt wird, daß „das Werden“ die grundlegende Seinsweise von allem ist. Zu den allgemeinsten Bewegungs- und Entwicklungsgesetzen gehört so z. B. auch die Beziehung von Gesetz und Nicht-Gesetz, Notwendigkeit und Zufälligkeit, Notwendigkeit und Freiheit.

Die Vorstellungen vom Determinismus als fixer eindeutiger Vorherbestimmung *aller* Ereignisse durch Anfangsbedingungen sind mit der Dialektik unvereinbar, genauer gesagt, sie werden im dialektisch-materialistischen Determinismus nur für gewisse Schichten und Teilbereiche der Wirklichkeit als gültig anerkannt.

existiert, welche Auffassung der Rationalität ist dann fähig, diesen Tatbestand aufzunehmen und ihre Koexistenz, ihre Einheit begreiflich zu machen?

[53] F. Engels, Anti-Dühring, in: MEW, Bd. 20, a. a. O., S. 132.

[54] Ebenda, S. 307.

Lenins Bemerkung, daß bei den Naturforschern „der Begriff der Verwandlung eng gefaßt“[55] ist, drückt eine wichtige Seite der dialektisch-materialistischen Auffassung des Determinismus aus und erfährt durch die moderne Entwicklung der Astrophysik, der Biologie, Thermodynamik, Kybernetik u. a. neuen Inhalt und nähere Bestimmung. Diese Auffassung orientiert uns in jeder Situation darauf, bereit zu sein, auch neue, bislang unbekannte Arten der Verbindung, der Veränderung, des Zusammenhangs von Phänomenen zu akzeptieren und anzuerkennen, sobald sie erfahrungsmäßig, experimentell, praktisch nachgewiesen sind. Wir können nicht dogmatisch nur an solchen Formen der Determination festhalten, die bisher schon entdeckt wurden.

5.

In welchem Zusammenhang steht der dialektisch-materialistische Determinismus zum sogenannten „Substanzdenken“, zu der Problematik, die traditionellerweise durch den Substanzbegriff bezeichnet wurde? Die Frage läßt sich nicht einfach beantworten — zum Teil schon wegen der Mehrdeutigkeiten des überlieferten Substanzbegriffs.

Der dialektisch-materialistische Determinismus knüpft affirmativ an die Tradition des „Substanzdenkens“ an, insofern unter dem Substanzbegriff in erster Linie das Selbständige verstanden wurde, also das, was „ita existit, ut nulla alia re indigeat ad existendum“ (Decartes) und deswegen aus sich selbst begriffen werden muß. Hegels Gedanke, daß die „Substanz“ als „Bewegung des Sichselbstsetzens“ und „Vermittlung des Sichanderswerdens mit sich selbst"[56] zu fassen ist, war in dieser Hinsicht bahnbrechend. Der dialektisch-materialistische Determinismus knüpft in materialistischer Umarbeitung positiv an diese Auffassung an. Er zielt auf eine systematische Erkenntnis, aber es handelt sich um ein offenes, nie abgeschlossenes System: „Ein allumfassendes, ein für allemal abschließendes System der Erkenntnis von Natur und Geschichte steht im Widerspruch mit den Grundgesetzen des dialektischen Denkens; was indes keineswegs ausschließt, sondern im Gegenteil einschließt, daß die systematische Erkenntnis der

[55] W. I. Lenin, Philosophische Hefte, in: LW 38, a. a. O., S. 251.
[56] G. W. F. Hegel, Phänomenologie des Geistes, Leipzig 1949, S. 19f.

gesamten äußeren Welt von Geschlecht zu Geschlecht Riesenschritte machen kann."[57]

Andererseits stellt der dialektisch-materialistische Determinismus eine radikale Kritik und Negation des „Substanzdenkens" dar, insofern darunter die Anerkennung von etwas Beharrlichem als Grundlage der dazu bloß akzidentiellen Veränderung verstanden wurde und diese ontologisch-logische Struktur als fundamental angesehen wurde. Als Beispiel[58] kann man anführen, wie die *Logik von Port Royal* (1. Teil, Kap. II) über die Substanz spricht: „Tout ce que nous concevons est représenté à notre esprit ou comme chose, ou comme maniere de chose, ou comme chose modifiée. J'appelle chose ce que l'on conçoit comme subsistant par soi-méme, & comme le sujet de tout ce que l'on conçoit. C'est ce qu'on appelle autrement substance."[59] Wir sehen, daß die Substanzauffassung schon hier zum allgemeineren Problem der Determination überhaupt wird. Die ganze *Wissenschaft der Logik* Hegels reagiert auf diese gleichzeitige Erweiterung und Vereinseitigung der Substanzauffassung und legt — obgleich in idealistisch mystifizierter Gestalt — die ausgearbeitete Grundlage der dialektischen Auffassung der Determination vor, unter anderem durch die oben im 3. Kapitel erörterte Behandlung der Verstand-Vernunft-Problematik. Marx knüpft kritisch an die *Wissenschaft der Logik* an, wenn er sich in seinem dialektisch-materialistischen Determinismus u. a. mit überlieferten Konzeptionen der „Substanz" auseinandersetzt.[60] Damit hängt auch die neue Auffassung der Vielfalt der Prädikationsformen bei Marx zusammen, die nötig ist, um den verschiedenen Formen der objektiven Determination bei ihrer intellektuellen Aneignung einen entsprechenden ideellen Ausdruck zu geben. Dabei wird die traditionelle Subjekt-Prädikat-Form nicht liquidiert, jedoch spielt sie nicht mehr eine dominierende, sondern eine untergeordnete Rolle.[61]

Der Übergang zum dialektisch-materialistischen Entwick-

[57] F. Engels, Anti-Dühring, in: MEW, Bd. 20, a. a. O., S. 24.

[58] Man könnte auch Kants erste Analogie der Erfahrung als Beispiel nennen.

[59] A. Arnauld/P. Nicole, La logique ou l'art de penser, Hrsg. v. P. Clair u. F. Girbal, Paris 1965, S. 46f.

[60] Vgl. näheres darüber in meiner Diskussion mit D. Pätzold in: Dialektik 7, Köln 1983.

[61] Näheres darüber in meinem Buch „Die Wissenschaftslogik bei Marx und ‚Das Kapital'", a. a. O., insb. das 3. Kap.

lungsdenken bedeutet demnach, daß eine neue Auffassung solcher uralter Denkformen entsteht, wie z. B. der von „Ding—Eigenschaft—Beziehung". Der dialektisch-materialistische Begriff des „Dings" versteht darunter jede fertige und relativ stabile Form des Seins in entwicklungsmäßigen und strukturellen Bewegungszusammenhängen, relativiert also die fixen Entitäten und arbeitet mit einem anderen Begriff des „Dings" als z. B. die Begründer der neuzeitlichen Naturwissenschaft. Oder genauer gesagt: Die am Beginn der Neuzeit in der Hauptströmung der Naturwissenschaft geläufigen Begriffe „Ding" und „Eigenschaft" verlieren ihre universale Gültigkeit. Sie behalten sie für ahistorische Strukturen, die selbst als untergeordnetes Moment entwicklungsmäßiger Strukturen aufgefaßt werden. Analog gilt das auch von den Formen der Prädikation und von den methodologischen Verfahren, wie Analyse und Synthese, Verallgemeinerung und Besonderung, Induktion und Deduktion.

Alles, was existiert, ist entweder ein zeit-räumlicher, strukturierter Prozeß oder — in einer abgeleiteten Bedeutungssphäre, in abstrakter Idealisierung — eine mehr oder weniger fixierte und aus dem zeit-räumlichen Prozeß abstrahierte Bedeutungsstruktur.

Die Begriffe „Ding—Eigenschaft—Beziehung" bei Newton — und vorher bereits bei Galilei und Descartes — entstanden in der Kritik des seiner Dialektik entkleideten scholastischen Aristotelismus, d. h. der von Porphyrius u. a. vermittelten, undialektisch gefaßten Theorie der Kategorien und der Prädikation bei Aristoteles.

Newton und Descartes begriffen das natürliche Ding als einen dem Trägheitsgesetz untergeordneten Körper. Unter dem Aspekt der von uns untersuchten Fragen sind die diesbezüglichen Unterschiede zwischen den Ansichten Newtons und Descartes' nicht wichtig.[62] Auch die Bedeutung solcher Unterschiede im Zugang

[62] K. Hübner, der entscheidende Fragen der wissenschaftlichen Rationalität im Sinne einer entwicklungslosen relativistischen Pseudo-Geschichtlichkeit verzerrt, hat ausnahmsweise recht, wenn er dann sagt: „Der Cartesischen Tradition entstammt die Lehre, daß die physikalische Wirklichkeit aus wohldefinierten Substanzen besteht, die zueinander in Beziehung (Wechselwirkung) treten ... Das, was den Substanzen zukommt und was sich durch äußere Einwirkung an ihnen wandelt, läßt sich dabei grundsätzlich klar trennen ... Diese ontologische Grundauffassung ist indessen durch Descartes zum erstenmal in einer Weise vorgeprägt, die später nur

Newtons und Descartes' tritt in den Hintergrund, wie z. B. die Tatsache, daß Newton der Physik riet, protophilosophische Erwägungen zu vermeiden („physica, cave metaphysicam"), während Descartes die physikalische Erkenntnis als einen Zweig vom Baum der Erkenntnis verstanden hatte, der in der Ersten Philosophie verwurzelt ist und sich dessen stets bewußt sein muß. Wenn wir die dialektisch-materialistische Historisierung der logisch-ontologischen Problematik begreifen wollen, dürfen wir uns nicht an diese Unterschiede zwischen Newton und Descartes klammern.[63] Gemeinsam bei Newton und Descartes und entscheidend für unsere Untersuchung ist die Befreiung vom „Ding" der Selbstbewegung, bzw. die Reduktion der Selbstbewegung auf den gradlinigen gleichmäßigen motus localis, und der Versuch, die ganze Mannigfaltigkeit der Naturerscheinungen aus einer derart verstandenen Bewegung zu erklären. Dagegen ist für die Klärung der logisch-ontologischen Grundlagen des gegenwärtigen wissenschaftlichen Denkens ein konsequentes Durchdenken der entwicklungsmäßigen Auffassung von „Ding—Eigenschaft—Beziehung" notwendig, was u. E. nicht möglich ist, ohne die Verstand-Vernunft-Problematik einzubeziehen. Eine „alles umfassende Konsistenz"[64] des wissenschaftlichen Denkens ist auf anderem Wege heute unerreichbar.

Verfeinerungen, nicht aber eine wesentliche Änderung erfahren hat. Mag Newton der eigentliche Vater der klassischen Physik genannt werden, so hat er doch in dieser Hinsicht trotz gewichtiger Modifikationen auf den Fundamenten Descartes' aufgebaut." (K. Hübner, Kritik der wissenschaftlichen Vernunft, a. a. O, S. 155f.)

[63] Schließlich kommen auch in der heutigen bürgerlichen Kultur nebeneinander oder abwechselnd beide Einstellungen zur Frage der Beziehung zwischen der Spezialwissenschaft und der Philosophie vor. Vgl. einerseits den Neopositivisten Ayer mit seiner Warnung vor protophilosophischen („metaphysischen") Erwägungen, und andererseits den „kritischen Rationalisten" Agassi, der die Bedeutung des „metaphysischen" Rahmens einer jeden speziellwissenschaftlichen Theorie unterstreicht (Science in Flux, Dordrecht 1975).

[64] I. Prigogine/I. Stengers, Dialog mit der Natur, a. a. O., S. 101.

6.

Es dürfte deutlich geworden sein, daß die hier erörterten Veränderungen in den logisch-ontologischen Grundlagen des wissenschaftlichen Denkens von solchen Konzeptionen, die mit Ernst Cassirer von einem Übergang „vom Substanzdenken zum Funktionsdenken“[65] sprechen, nur einseitig und nicht adäquat erfaßt werden.

Auf Cassirers Konzeption stützt sich z. B. E. J. Dijksterhuis, wenn er am Ende seines schönen Buches *Die Mechanisierung des Weltbildes* den Übergang von der klassischen Newtonschen Wissenschaftsauffassung zur gegenwärtigen mit dem Übergang von der Aristotelischen zur Newtonschen vergleicht. Er sagt: „Die große Kluft gähnt ja zwischen den beiden letzteren, nicht zwischen der klassischen und der modernen. Damals mußte ein völlig neuer Standpunkt der Natur gegenüber erobert werden: das substantielle Denken, das nach dem Wesen der Dinge fragte, mußte gegen das funktionelle ausgetauscht werden, welches das Benehmen der Dinge in ihrer gegenseitigen Abhängigkeit feststellen will: die Behandlung der Naturerscheinungen in Worten mußte zugunsten einer mathematischen Formulierung der darin wahrgenommenen Relationen aufgegeben werden. In unserem Jahrhundert dagegen blieb das funktionelle Denken mit seiner essentiell mathematischen Ausdrucksform nicht nur erhalten, sondern es gelangte erst völlig zur Herrschaft ...“[66] Soweit Dijksterhuis.

Wenn wir unseren Blick auf einige Gebiete und Schichten der experimentellen Physik und mathematischen Naturwissenschaft beschränken, mag das stimmen. Sollte es sich aber um die logisch-ontologischen Grundlagen der Wissenschaftsauffassung, um die historischen Typen der Rationalität handeln, so wird sich doch ein anderes Bild ergeben.

Die dialektisch-materialistische Untersuchung kann sich beim Vergleich der Typen wissenschaftlicher Rationalität nicht mit der Frage, ob es sich um ein mathematisiertes oder um ein nichtmathematisiertes Denken handelt, als grundlegendes Kriterium begnügen und dabei die — weit kompliziertere Implikationen enthaltende — Frage beiseite lassen, ob es sich um ein evolutio-

[65] Vgl. insbes. E. Cassirer, Substanzbegriff und Funktionsbegriff, Berlin 1910.

[66] E. J. Dijksterhuis, Die Mechanisierung des Weltbildes, Berlin—Göttingen—Heidelberg 1956, S. 557.

näres oder nicht-evolutionäres, um ein prozessuales oder nicht-prozessuales Denken handelt.

Die Stimmen Prigogines und Whiteheads haben in der diesbezüglichen Diskussion großen Wert, weil sie Wissenschaftler mit erwiesenem Verständnis für die Mathematik und die Bedeutung der Mathematisierung der Wissenschaft sind. Doch beide anerkennen bei der Charakteristik der Veränderungen in den logisch-ontologischen Grundlagen der Wissenschaft dezidiert die Notwendigkeit, nicht bei dem Unterschied in den Formen der Mathematisierung stehenzubleiben, sondern zu den tieferliegenden Schichten der logisch-ontologischen Problematik vorzudringen.

Die bloße Tatsache der Mathematisierung und der wachsenden Mathematisierung an sich ist für die Frage der Veränderungen in den Fundamenten der gegenwärtigen Wissenschaft durchaus wichtig, sie ermöglicht aber nicht, den Übergang vom nicht-entwicklungsmäßigen zum konsequent entwicklungsmäßigen Denken zu begreifen. Die Mathematik an sich und die Mathematisierung ist nicht an eine der beiden grundlegenden Konzeptionen der Bewegung und Ruhe (und dementsprechend auch nicht an eine der beiden Konzeptionen der „Ding—Eigenschaft—Beziehung" und der Determination überhaupt) gebunden; sie ist in *beiden* anwendbar, da die Beziehung der quantitativen und qualitativen Seite auf beiderlei Weise aufgefaßt werden kann. Die Mathematik an sich, die Vorgehensweise des mathematischen Denkens kann man entwicklungsmäßig und nichtentwicklungsmäßig auffassen.[67]

Schon die Aristotelische Auffassung der Wissenschaft war nicht völlig unmathematisch oder antimathematisch, wenngleich gilt, daß darin die quantitativen Bestimmungen nicht jene dominierende Stellung hatten, die sie in der neuzeitlichen Naturwissenschaft erlangten. Das Wesen der Mathematik und der quantitativen Bestimmungen wurde insbesondere im Zusammenhang mit der Frage der Bewegung untersucht. Die Bewegung wurde vor allem im Sinne qualitativer Wandlungen verstanden, wobei die Ortsbewegung und quantitative Bestimmung der Ortsbewegung keinen privilegierten und verabsolutierten, sondern einen untergeordneten Platz einnahm. Dabei wurden bei Aristoteles — im Unterschied zu dem durch Porphyrios und Boethius

[67] Vgl. E. Brieskorn, Dialektik in der Mathematik, in: Mathematiker über die Mathematik, ed. M. Otto, Berlin—Heidelberg—New York 1974.

vermittelten scholastischen Aristotelismus — die ausgedehnten Bereiche der Bewegung und der Wandlungen, vor allem dessen, was als TA FYSEI ONTA angesehen wurde, prozessual im Sinne der Selbstbewegung verstanden.

Was die Eigenart der Newtonschen Mathematisierung der Wissenschaft angeht, so ist festzustellen, daß es sich bei Newton um keine völlige Reduktion der Wirklichkeit auf die „Welt der Quantität" (Koyré) handelt. Zwar sagt er ausdrücklich, daß alle seine Grundbegriffe — wenigstens in den *Principia* — mathematische Begriffe sind, die nur Quantitäten, aber keine Qualitäten ausdrücken. In der Auslegung der Definition VIII erklärt er, daß er die Ursachen der verschiedenen *vires*, von denen gesprochen wird, nicht angeben will, und darum verlangt er, seine Kräftebegriffe nur als mathematische Begriffe anzunehmen.

In Wahrheit bleibt aber die Annahme einer Schwerkraft oder einer *vis inertiae* in notwendiger Verbindung mit jedem Körper die Annahme einer Qualität, ganz ungeachtet dessen, ob die Ursache dieser Qualität angegeben wird oder nicht, bekannt wird oder nicht.[68]

Dies kann man am Scholium Generale der *Principia* illustrieren. Hier sagt Newton: „Bis jetzt habe ich die Erscheinungen des Himmels und unserer See mit Hilfe der Schwerkraft auseinandergesetzt, aber die Ursache der Schwere habe ich noch nicht angegeben. Auf jeden Fall entsteht diese Kraft durch irgendeine Ursache, die ohne Intensitätsminderung bis in die Zentren von Sonne und Planeten durchdringt, die nicht proportional ist zur Fläche der Teilchen, auf welche sie wirkt (wie mechanische Ursachen dies zu sein pflegen), sondern zur Menge der räumlich verteilten Materie, und deren Aktion sich in allen Richtungen bis zu unermeßlichen Entfernungen ausdehnt, dabei stets proportional zum Quadrat der Entfernung zur Sonne abnehmend ... Die Ursache dieser Eigenschaften der Schwere habe ich aber noch nicht aus den Erscheinungen ableiten können ... Und es genügt, daß die Schwere wirklich besteht, nach den von uns erörterten Gesetzen wirkt und hinreichend ist für die Bewegungen der Himmelskörper und unserer See."[69] Soweit Newton.

[68] Für John Locke, der in persönlichem Kontakt zu Newton stand, war außer Zweifel, daß es sich um Qualitäten handelte, und zwar um objektive, um „primary qualities". (Vgl. J. Locke, Essay on Human Understanding, B. 1, Ch. VIII.)

[69] Zit. nach E. J. Dijksterhuis, Die Mechanisierung des Weltbildes, a. a. O., S. 537.

Offensichtlich kann aus dem Umstand, daß die tieferen Ursachen der Schwere usw. nicht angegeben werden können, nicht gefolgert werden, daß der Begriff der Schwere *nur* ein mathematischer Begriff wäre, und nicht ein solcher, der eine Eigenschaft der Körper bezeichnet, — eine wirklich existierende Eigenschaft mit mathematisch ausdrückbaren Wirkungsweisen.

Oft gebraucht Newton die Termini „quantitas virium" und „vires" („quantitas motus" und „motus", „mutatio quantitatis motus" und „mutatio motus") synonym, ohne Quantität und Qualität zu unterscheiden und ihre Beziehung zueinander auszudrücken. Seine Erklärung, daß er *brevitatis gratia* diese In-eins Setzung unternehme, weist auf einen Mangel im Durchdenken der logisch-ontologischen Voraussetzungen seines Wissenschaftsbegriffs hin. Historisch gesehen, mag dies ein genialer Mangel gewesen sein, nützlich für die wissenschaftlichen Aufgaben seiner Zeit, für die Weiterentwicklung der Mechanik und der mathematischen Naturwissenschaft. Doch obwohl er innerhalb der klassisch mechanischen Theorie akzeptabel ist, muß er sich als hemmend und irreführend erweisen, sobald es gilt — wie das im Dritten Buche der *Principia* der Fall ist — die constitutio mundi zu erklären oder allgemeingültige erkenntnistheoretische Thesen zu begründen.

Mit Recht kann man also sagen, daß bei Newton der Kraftbegriff ursprünglich eine physische qualitative Realität bezeichnet und nicht nur ein Name für das mathematische Produkt eines Koeffizienten (Masse) und einer kinematischen Größe (Beschleunigung) ist. Wir sollten von der Kraft eigentlich nicht im Singular, sondern von einer Vielzahl verschiedener Kräfte sprechen, die nebeneinander bestehen und sich nicht ineinander umwandeln.

Diese Bemerkungen sollen nicht die Genialität und historische Wirksamkeit der Newtonschen Mathematisierung der Physik herabsetzen. Manche neueren marxistischen Studien verweisen mit Recht darauf, daß die Mathematisierung der Mechanik in Newtons *Principia* einen völlig modernen, von früheren Versuchen ganz abweichenden Charakter hatte und so die spätere und auch heutige Entwicklung der Physik antizipierte. „Newton schuf ... — völlig im Sinne des heutigen Modellbegriffs der mathematischen Grundlagenforschung — ein in sich konsistentes System von ‚Prinzipien', nämlich von mathematisch scharf gefaßten Definitionen und Axiomen, und betrachtete die physikalische Realität mit ihren Gesetzlichkeiten als ein konkretes Modell für sein Axiomensystem ... Dieser axiomatische Aufbau der Mechanik ist so allgemein, daß er im Prinzip von Einstein, Planck und Minkowski in die spezielle Relativitätstheorie übernommen werden konnte und auch dem axiomatischen Aufbau der Quantenmechanik seit Bohr, Heisenberg und Dirac zugrunde liegt."[70]

Nichtsdestoweniger gilt, daß Newtons Mathematisierung der Wissenschaft mit der vereinfachenden, nichtentwicklungsmäßigen Auffassung der Bewegung fest verbunden ist.[71] Nur ausnahmsweise überschreitet Newton die reduktionistische Auffassung der Bewegung und wirft das Problem der Verwandlungen in tieferem, qualitativem Sinn auf, z. B. in der ursprünglichen Hypothese III der ersten Ausgabe seiner *Principia*[72] oder in der Questio 30 der *Opticks*.

Im dialektisch-materialistischen Rationalitätstyp wird die fortschreitende Mathematisierung des wissenschaftlichen Denkens mit der Kritik an der Newtonschen reduktiven Auffassung der Bewegung verbunden. Bewegung als Umwandlung, als Entwicklung wird Grundbegriff. Bewegung im Sinne der qualitativen Veränderung, im Sinne des Umwandlungsprozesses war ja auch der Grundbegriff der Aristotelischen Denkweise. In dieser Beziehung werden im dialektisch-materialistischen Rationalitätstyp gewisse fundamentale Konzeptionen der Aristotelischen Rationalitätsauffassung wieder aufgenommen.[73] Natürlich gilt, daß die

[70] H.-J. Treder, in: Newton-Studien, hrsg. v. H.-J. Treder, Berlin 1978, S. 9f.

[71] In Opticks, Dover 1962, S. 400, Questio 31, äußert sich Newton folgendermaßen: „Nach all diesen Erwägungen ist es mir wahrscheinlich, daß Gott im Anfang der Dinge die Materie in festen, massiven, harten, undurchdringlichen, beweglichen Teilchen erschuf, von solchen Größen und Formen und mit solchen Eigenschaften und in solchem Verhältnis zum Raume, wie sie zu dem Endzweck führten, für den er sie gebildet hatte ... Weil die Partikel fest bleiben, können sich aus ihnen Körper in ein und derselben Art zu allen Zeiten zusammensetzen ... Damit also die Natur von beständiger Dauer sei, ist der Wandel der körperlichen Dinge ausschließlich in die verschiedenen Trennungen, neuen Vereinigungen und Bewegungen dieser permanenten Teilchen zu verlegen."

[72] Vgl. I. B. Cohen, Introduction to Newton's Principia, Cambridge 1971, wo eine ausführliche Vergleichung der ersten drei Ausgaben zu finden ist.

[73] Soweit die buddhistische Weltanschauung auf dem Gedanken des

dialektisch-materialistische Kritik an Newtons Bewegungs- und Wissenschaftsauffassung, also die durchgeführte doppelte Historisierung der Seins- und Denkformen, sich grundsätzlich von einer einfachen Rückkehr zur Aristotelischen Denkweise unterscheidet. Die Entstehung der dialektisch-materialistischen Denkweise wird nicht nur negativ, sondern geschichtlich weitgehend positiv durch die Newtonsche Wissenschaftskonzeption vermittelt. Das gilt insbesondere für die Galilei-Newtonsche Kritik an der Aristotelischen Denkweise, mit der der neuzeitliche Übergang von der alten *scientia contemplativa* zur neuen *scientia activa et operativa* mit ihrer auf Erfahrung und Experiment gegründeten induktiv-deduktiven Methode erkämpft wurde. Obwohl im dialektisch-materialistischen Rationalitätstyp die verabsolutierenden Ansprüche der Newtonschen und nachnewtonschen Mathematisierung des Wissens abgelehnt werden,[74] legitimiert und erfordert er zugleich eine möglichst reiche Entfaltung und Anwendung der mathematischen Methoden in der empirischen Forschung und in der Theoriebildung, in diesem Sinne eine möglichst intensive Mathematisierung des Wissens unter Berücksichtigung der Dialektik des Qualitativen und des Quantitativen. Natürlich geht es dabei nicht nur um die Anwendung der bisher bekannten mathematischen Methoden auf neue Gebiete und neue Gegenstände, sondern ebenso um die Entdeckung und Anwendung neuer mathematischer Methoden

prozessualen Charakters des Universums aufgebaut wurde, kann man mit Recht auch von der Aktualisierung dieses buddhistischen Gedankens sprechen. Prigogine schreibt (Dialog mit der Natur, a. a. O., S. 29): „Wir gehen einer neuen Synthese entgegen, einer neuen Naturauffassung, in der die abendländische Tradition, die das Experiment und die quantitative Formulierung betont, sich mit der chinesischen Tradition verknüpft, in deren Mittelpunkt die Auffassung von einer spontan sich selbst organisierenden Welt steht." — Wir haben gesehen, daß die Idee einer spontan sich selbst organisierenden Welt nicht nur außerhalb, sondern auch innerhalb der abendländischen Tradition schon in ihrer Aufgangsphase entstand. Die Problemzusammenhänge mit der chinesischen (besser gesagt: buddhistischen, also auch altindischen) Tradition sind abgeleitet und vermittelt, obwohl selbstverständlich nicht unwichtig (Vgl. dazu die Ansicht von F. Engels, Dialektik der Natur, in: MEW, Bd. 20, a. a. O., S. 491).

[74] Eine gute Kritik des „Phantoms des Panmathematismus" gibt S. B. Krymskij in seinem Buch „Naučnoje znanije i principy jego transformacii", Kiew 1974, S. 104 u. f.

(wie es z. B. die Modellierung aufgrund des mathematischen Strukturbegriffs ist).[75]

Diese Orientierung gibt jedoch nicht Dijksterhuis recht. Es geht nicht um eine Ersetzung des Denkens, das nach dem Wesen der Dinge fragt, durch das mathematische, funktionelle Denken, sondern um eine möglichst allseitige Anwendung der mathematischen und anderen Methoden mit dem Ziel, das Wesen der Prozesse der objektiven Realität immer genauer und vielseitiger erkennen zu können.

Es ist offensichtlich, daß die oben von Dijksterhuis gegebene Skizzierung des Verhältnisses zwischen der Aristotelischen, der Newtonschen und einer gegenwärtigen Konzeption der wissenschaftlichen Rationalität nicht ohne Einwände angenommen werden kann. Der geschichtliche Zusammenhang der drei großen Typen der wissenschaftlichen Rationalität erscheint eher als eine gewisse Negation der Negation.

[75] Die dialektisch-materialistische Auffassung der Mathematisierung der heutigen Wissenschaft ist ausführlicher erläutert in: H. Hörz, Marxistische Philosophie und Naturwissenschaften, Berlin 1974, S. 242ff.

Verschiedenartige neuere Versuche der mathematischen Behandlung der Prozesse der Selbstorganisation und Evolution sind z. B. in folgenden Arbeiten zu finden: W. Ebeling/R. Feistel, Physik der Selbstorganisation und Evolution, Berlin 1982; E. Jantsch/C. H. Wadington, Evolution and Consciousness, Reading, Mass. 1976; E. Jantsch, Die Selbstorganisation des Universums, München—Wien 1979.

NEUNTES KAPITEL

Einige Schlußfolgerungen über das Wesen der neuen geschichtlichen Form des rationalen Denkens

In diesem Schlußkapitel möchten wir auf die Frage zurückkommen, in welchem Sinne die dialektisch-materialistische Denkweise ein vertieftes, von Einseitigkeit freies *objektives* Denken ist, das den traditionellen Gegensatz zwischen Subjektivismus und Objektivismus überwindet und die theoretische Grundlage eines *realen Humanismus* bildet.

1.

Die Charakterisierung des Denkens im dialektisch-materialistischen Rationalitätstyp als objektives Denken ist weder nebensächlich noch zusätzlich; im Gegenteil, es wird etwas ihm Wesentliches damit zum Ausdruck gebracht. Es gehört zu den wesentlichen Eigentümlichkeiten der dialektisch-materialistischen Denkweise, daß sie die *Polarität* von Subjektivismus und Objektivismus überwindet, in der sich das weltanschauliche und philosophisch-methodologische Denken der bürgerlichen Epoche bewegt.

Es gilt zunächst zu erläutern, was hier in verallgemeinerter Gestalt unter „Subjektivismus" und „Objektivismus" verstanden wird.

Subjektivistisch sind — von dem hier vertretenen Standpunkt aus — alle Ansichten bzw. philosophischen Strömungen, die die Rolle des menschlichen Bewußtseins und bzw. oder der menschlichen Willensaktivitäten einseitig übertreiben. Die Welt- und Lebensanschauung wird dadurch idealistisch verzerrt. Offensichtlich hat der Terminus „Subjekt" in diesem Zusammenhang mehrere Bedeutungen — von der rein kontemplativen Berkeleyschen bis hin zu verschiedenen quasi-praktischen Bedeutungen, sei es im Sinne der fichteanisch-junghegelianischen, der existenzialistischen oder der lebensphilosophischen Auffassung des Subjekts.

Objektivistisch sind dagegen alle Ansichten und philosophischen Konzeptionen, die das praktische (und das heißt zugleich das gesellschaftliche und historische) Wesen des Denkens und des Menschseins nicht begreifen. Verabsolutierung derjenigen Formen der Determination, die ursprünglich an außermenschlich-dinglichen Gegenständen entdeckt wurden, und der Versuch, durch die Anwendung dieser Formen der Determination auch auf die menschliche, gesellschaftliche Realität das wahre Ganze erklären zu wollen — das ist kennzeichnend für objektivistische Einstellungen. Ein Verlieren des Menschlichen im Dinglichen[1], bzw. in abstrakten — außermenschlichen oder abstrakt menschlichen — Strukturen, ein gewisser Fatalismus, ein passives Sichanpassen an die Spontaneität der Prozesse[2] — das sind weitere Charakteristika des Objektivismus.

Die These, daß sich die bürgerliche Philosophie und mit ihr auch die Auffassung der logisch-ontologischen Grundlagen der Wissenschaft in der bürgerlichen Epoche innerhalb der Polarität Subjektivismus — Objektivismus bewegt, bedeutet nicht, daß von jeder einzelnen philosophischen Konzeption gelten müßte, sie sei *entweder* subjektivistisch *oder* objektivistisch. Nur selten begegnen wir in der bürgerlichen Philosophie einer Konzeption, die als reiner, einfacher Ausdruck des einen oder des anderen Pols betrachtet werden könnte. Vielleicht wäre Kierkegaard als reiner Subjektivist zu bezeichnen, wenn er behauptet, daß „die Wahrheit nur in der Subjektivität zu suchen ist" und daß das sogenannte objektive Denken (d. h. hier: das Denken vom Typ der mathematischen Naturwissenschaft) die Wahrheit eher verdeckt als entdeckt. Für die meisten Konzeptionen der bürgerlichen

[1] Vgl. Marxens Bemerkung über die Mängel des abstrakt naturwissenschaftlichen Materialismus, der die geschichtliche Entwicklung ausschließt (K. Marx, Das Kapital, Erster Band, in: MEW, Bd. 23, a. a. O., S. 393).

[2] Was die revolutionäre sozialistische Bewegung betrifft, wurde die Frage der Überwindung von Subjektivismus und Objektivismus, die für den Leninismus wesentlich ist, im modernen marxistisch-leninistischen Denken z. B. in den Arbeiten von P. N. Fedoseev analysiert. Siehe z. B. P. N. Fedoseev, Der Marxismus im 20. Jahrhundert, Berlin 1973, insbes. S. 265—292. — Wir versuchen in unseren Betrachtungen Ergebnisse dieser Analyse verallgemeinert zu verwerten und sozusagen die Kompetenz dieser Frage zu erweitern.

Philosophie ist jedoch die Anwesenheit der Subjektivismus-Objektivismus-Polarität *innerhalb* der jeweiligen philosophischen Konzeption und oft auch innerhalb der Entwicklung des philosophischen Denkens ein und desselben Denkers kennzeichnend. Doch kann man in der Regel sagen, welcher Pol überwiegt. Zum Beispiel sind Bolzano und Mill Autoren von zwei großen Logiken, die ungefähr in derselben Zeit verfaßt wurden. Es wäre unschwer zu begründen, warum Bolzanos logische Konzeption als objektivistisch und jene Mills als subjektivistisch zu charakterisieren und zu kritisieren sind. Die Bewegung in der Polarität Subjektivismus — Objektivismus ist nicht nur insgesamt, sondern auch im einzelnen, für die innere Struktur und den Inhalt der logischen Konzeption sowohl bei Bolzano als auch bei Mill kennzeichnend. So enthält der 3. Teil von Bolzanos *Wissenschaftslehre* äußerst subjektivistische Auffassungen von den sogenannten „gedachten Wahrheiten“ u. ä. Andererseits enthält Mills System des psychologischen Phänomenalismus als markant subjektivistische Auffassung der logischen Problematik wiederum Elemente des Objektivismus, z. B. in dem Sinne, daß jede Gesetzmäßigkeit von Mill beschränkt nach dem verabsolutierten Muster der ahistorischen Naturwissenschaft aufgefaßt wird.

Auch für die kritische Beurteilung von Husserl, Heidegger, Wittgenstein u. a. erweist sich der Gesichtspunkt der Subjektivismus-Objektivismus-Polarität als fruchtbar.

Ad Husserl: Wenn er die in der bürgerlichen Kultur dominierende Wissenschaftsauffassung als *objektivistisch* und deswegen mangelhaft, ungenügend für die Orientierung in Lebensfragen bezeichnet, so hat er in gewissem Maße recht und erfaßt damit bestimmte Aspekte der Situation. Weil er aber als bürgerlicher Philosoph im Banne der unvermittelten Polarität von Subjektivismus und Objektivismus denkt, ist er nicht imstande, einen anderen als subjektivistischen Ausweg anzubieten. Die transzendentalphänomenologische Grundlegung des wissenschaftlichen Denkens, die er vorschlägt, ist nur eine neue Form des bürgerlichen Subjektivismus. Incidit in Scyllam qui vult vitare Charybdim.

Ad Heidegger: Seine Konzeption von der Überwindung der Metaphysik enthält in verzerrter Gestalt gewisse richtige Aperçus darüber, daß das Denken, das sich im Wechselspiel von Subjektivismus und Objektivismus bewegt, die Wahrheit nicht erfassen kann. Was aber Heidegger als angebliche Überwindung dieser Situation empfiehlt, ist nur eine Form der Mythologie, eine existenzialistisch-neomythische Denkweise, in der sich die alte Polarität von Subjektivismus und Objektivismus nur in neuen Modifikationen reproduziert.

Ad Wittgenstein: Seine „überraschende" Wende vom neopostivistisch-objektivistischen *Tractatus logico-philosophicus* zu den pragmatisch-lebensphilosophischen *Philosophischen Untersuchungen*, in denen die Idee des praktischen Wesens des Denkens und Menschseins idealistisch verzerrt durchschimmert, verliert manches von der Überraschung, wenn wir die Entwicklung der damaligen bürgerlichen Philosophie unter unserem Gesichtspunkt der Subjektivismus-Objektivismus-Polarität zu dem Denkweg dieses einzelnen bürgerlichen Philosophen ins Verhältnis setzen.[3]

Die *Wurzeln* der Subjektivismus-Objektivismus-Polarität der bürgerlichen Philosophie und damit auch der Auffassung von den logisch-ontologischen Grundlagen der Wissenschaft in der bürgerlichen Epoche sind letzten Endes in den wirklichen Lebensverhältnissen der bürgerlichen Gesellschaft zu suchen, in dem von Marx enthüllten Waren- und Kapitalfetischismus.[4] Marx entdeckte, daß die ökonomische Basis in der bürgerlichen Epoche notwendig die Verkehrung des *Subjektiven* in der von den Menschen herrührenden und durch die Tätigkeit der Menschen hervorgebrachten Gegenständlichkeit, — und des *Objektiven* in der dinglichen, außermenschlichen und natürlichen Gegenständlichkeit produziert. Diese von der ökonomischen Basis der bürgerlichen Gesellschaft unzertrennliche Verkehrung des Subjektiven und Objektiven ist die Wurzel der unabdingbaren, apologetisch wirkenden Konfusion über das Verhältnis des Menschlichen und Natürlichen, die in der bürgerlichen Philosophie in jener unvermittelten Polarität erscheint.

[3] W. Röd meint (Wandel des Vernunftbegriffs, Hrsg. v. H. Poser, Freiburg—München 1981, S. 80), daß „eine konventionalistische Position, derzufolge gewisse grundlegende Urteile durch Übereinkunft als allgemein geltend akzeptiert sind", einen dritten Weg neben Subjektivismus und Objektivismus darstellt. In dialektisch-materialistischer Sicht bleibt natürlich auch die konventionalistische Auffassung der logisch-ontologischen Grundlagen der Wissenschaft, darunter auch der pragmatische Konventionalismus (W. v. O. Quine, From a logical point of view, Cambridge, Mass., 1953), dem Subjektivismus verpflichtet.

[4] Vgl. dazu András Gedö, Philosophie der Krise, Berlin 1978, S. 140f.

Selbstverständlich existiert keine direkte mechanische Determination des philosophischen Denkens durch die gegebene ökonomische Basis. Es wäre naiv anzunehmen, daß die ökonomische Basis als solche bestimmt, wieviel Subjektivismus oder Objektivismus in den Ansichten dieses oder jenes Denkers der bürgerlichen Epoche enthalten sein wird, in welcher Proportion oder Kombination. Die Determination der Entwicklung des philosophisch-methodologischen Denkens ist komplizierter, politische und kulturelle Faktoren im weiten Sinn des Wortes, einschließlich der Traditionen des ererbten Gedankenmaterials u. ä., spielen dabei eine Rolle. Die ökonomische Basis der bürgerlichen Gesellschaft ist insofern für die Polarität von Subjektivismus und Objektivismus bestimmend, als sie der Klärung des (gesellschaftlich-historischen) Zusammenhangs des Subjektiven und Objektiven, des Menschlichen und Natürlichen Grenzen setzt. Die Grenzen der Klärung erscheinen als Existenz der Konfusion. Da jene Klärung notwendigerweise mit dem Bewußtwerden der Historizität (und somit auch des historischen Übergangscharakters) einer Gesellschaft kapitalistischer Warenproduktion und der kapitalistischen Gesellschaftsformation überhaupt verbunden wäre, ist sie im Rahmen einer intellektuellen Kultur, die bürgerlich bleibt, prinzipiell nicht möglich. Sie ist nur von den Positionen der in der Entstehung begriffenen sozialistischen Kultur aus möglich.[5]

In diesem Zusammenhang ist interessant, wie Marx im *Kapital* aufzeigt, daß es ökonomische Ursachen waren, die es Aristoteles nicht erlaubten, das Wesen des Tauschwertes zu begreifen. Aristoteles „konnte nicht aus der Wertform selbst herauslesen", daß in der Form der Warenwerte alle Arbeiten als gleiche menschliche Arbeit und daher als gleichgeltend ausgedrückt sind. Die Analyse blieb begrenzt und konnte gewisse Schranken nicht überschreiten, „weil die griechische Gesellschaft auf der Sklavenarbeit beruhte, daher die Ungleichheit der Menschen und ihrer Arbeitskräfte zur Naturbasis hatte. Das Geheimnis des Wertausdrucks, die Gleichheit und gleiche Gültigkeit aller Arbeiten, weil und insofern sie menschliche Arbeit überhaupt sind, kann nur entziffert werden, sobald der Begriff der menschlichen Gleichheit bereits

[5] Die Anfänge der sozialistischen Kultur entstehen bereits im Zusammenhang mit der Ausweitung des Klassenkampfes der Arbeiterklasse im Kapitalismus, noch unter der dominierenden Rolle der bürgerlichen Kultur.

die Festigkeit eines Volksvorurteils besitzt. Das ist aber erst möglich in einer Gesellschaft, worin die Warenform die allgemeine Form des Arbeitsprodukts, also auch das Verhältnis der Menschen zueinander als Warenbesitzer das herrschende gesellschaftliche Verhältnis ist. Das Genie des Aristoteles glänzt gerade darin, daß er im Wertausdruck der Waren ein Gleichheitsverhältnis entdeckt. Nur die historische Schranke der Gesellschaft, worin er lebte, verhindert ihn herauszufinden, worin denn ‚in Wahrheit‘ dies Gleichgewichtsverhältnis besteht."[6]

Andererseits folgt die historische Notwendigkeit der Überwindung der Polarität von Subjektivismus und Objektivismus nicht nur aus der inneren Logik der Entwicklung der Wissenschaft, sondern vor allem (und zusammen damit) aus den Erfordernissen jener praktischen Probleme, die sich aus der modernen Gesellschaftsentwicklung ergeben.

Nachdem in den Klassenkämpfen des 19. Jahrhunderts die Arbeiterklasse innerhalb der kapitalistischen Gesellschaft aus einer Klasse an sich zur Klasse für sich geworden war, d. h. nachdem die historische Notwendigkeit herangereift war, eine selbständige Partei als organisierte politische Avantgarde der Arbeiterklasse zu schaffen, war die Entstehung sozialistischer Arbeiterparteien notwendigerweise mit theoretischen Fortschritten verbunden — mit der Schaffung des wissenschaftlichen Sozialismus, der die Struktur des Waren- und Kapitalfetischismus aufdeckte und die Bewegungsgesetze der kapitalistischen Produktionsweise analysierte. Das Bewußtsein der Ursachen und des Übergangscharakters der „Versachlichung der Personen und der Personifizierung der Sachen" war eine conditio sine qua non für den weiteren gesellschaftlichen Fortschritt geworden. Die Entstehung der dialektisch-materialistischen Denkweise, die eine prinzipielle Überwindung der Subjektivismus-Objektivismus-Polarität beinhaltet und voraussetzt, war insofern ein Ergebnis der Entwicklung des Klassenkampfes. Im Bereich der geistigen Produktion kam es so zu einem Ereignis, dessen Bedeutung nicht kurzfristig und nicht punktuell, sondern epochal war. Die Herausbildung der dialektisch-materialistischen, real humanistischen Denkweise war perspektivisch mit einem Wechsel in der Weise der materiellen Produktion und somit auch mit einem Wechsel in der Weise der geistigen Produktion

[6] K. Marx, Das Kapital. Erster Band, in: MEW, Bd. 23, a. a. O., S. 74.

verknüpft. Sie betraf das, war Marx „die Art der geistigen Produktion"[7] nannte.

Vom Standpunkt der Logik aus muß allerdings hinzugefügt werden, daß die Überwindung der Polarität von Subjektivismus und Objektivismus in der Philosophie des realen Humanismus nicht möglich ist, ohne daß das logische Denken von einem Denken, das die Eliminierung von Widersprüchen verabsolutiert, zu einem Denken fortschreitet, das dem dialektischen Widerspruch eine prinzipielle positive Bedeutung für die Erkenntnis der objektiven Wahrheit zuerkennt, zu einem Denken also, das kritisch an die demystifizierten Entdeckungen Hegels im Bereich der Verstand-Vernunft-Problematik anknüpft.

Wenn sich bereits im 19. Jahrhundert im Zusammenhang mit den Anfängen der sozialistischen revolutionären Bewegung die historische Notwendigkeit den Weg bahnte, die Polarität von Subjektivismus und Objektivismus in der real humanistischen, dialektisch-materialistischen Weltanschauung zu überwinden, dann wird heute die dialektisch-materialistische Denkweise um so notwendiger. Gesellschaftshistorisch ist das durch die Existenz des realen Sozialismus bedingt, durch den Charakter der Entwicklung seiner Gesellschaft und durch den Charakter der globalen Probleme, die zu lösen sind. Das sind vor allem die Sicherung der Existenzgrundlagen der Menschheit durch die Verhinderung eines nuklearen Weltkrieges und der Schutz der natürlichen Umwelt. In diesen neuen Bedingungen kann man ohne den realen Humanismus, ohne prinzipielle Überwindung der Polarität von Subjektivismus und Objektivismus (d. h. ohne den Leninismus in seiner weltanschaulichen und wissenschaftlich-methodologischen Funktion) nicht auskommen. Letzten Endes gilt das aus denselben Gründen, aus denen für eine existierende sozialistische ökonomische Basis die planmäßige ökonomische Entwicklung unabdingbar ist; und diese setzt wiederum die leitende Rolle der politisch organisierten Avantgarde der revolutionären Arbeiterklasse im Bündnis mit allen Werktätigen voraus. Das dialektisch-materialistische Entwicklungsdenken wird so die historisch konsequenteste Form des Freiheits-Denkens, die Denkform der menschlichen Emanzipation für unsere Epoche.

Die Notwendigkeit der Überwindung der Subjektivismus-

[7] K. Marx, Theorien über den Mehrwert, in: MEW, Bd. 26.1, a. a. O., S. 257.

Objektivismus-Polarität[8] entsteht demnach im realen gesellschaftlichen Leben. Durch den Charakter der realen Bedingungen der menschlichen Lebenstätigkeit erklärt sich schließlich und endlich, weshalb die bürgerliche intellektuelle Kultur außerstande ist, diese Polarität zu überwinden, und weshalb die sozialistische Kultur sie überwinden muß.

2.

Engels äußerte seinerzeit den Gedanken, daß die schlichte Notwendigkeit, die Masse der angesammelten empirischen Entdeckungen in den Naturwissenschaften zu systematisieren, denkende Menschen immer mehr dazu bewegen wird, sich des dialektischen Charakters der Naturprozesse bewußt zu werden, und daß die Naturwissenschaft schon in der zweiten Hälfte des 19. Jahrhunderts derart weit fortgeschritten war, daß sie einer dialektisch-materialistischen Verallgemeinerung nicht ausweichen könne.[9]

Nach dieser Fassung könnte es so aussehen, als ob die Naturwissenschaften auf einer gewissen Stufe ihrer Entwicklung notwendigerweise eine dialektisch-materialistische Denkweise produzieren — ohne daß hier ein wirkender Zusammenhang zwischen dem Aufkommen und dem Charakter dieser Denkweise und der realen gesellschaftlichen Entwicklung bestünde. Es erhebt sich die Frage, ob nicht die Erklärung der notwendigen Verbindung zwischen der dialektisch-materialistischen (d. h. real humanistischen) Denkweise und dem realen gesellschaftlichen, durch den Klassenkampf geprägten Prozeß, die wir oben unterbreiteten, im Widerspruch zu der angeführten Darstellung von Engels steht?

Vor allem wäre zu bemerken, daß Engels in derselben Arbeit, aus der wir den Gedanken von der Notwendigkeit des Aufkommens der dialektisch-materialistischen Denkweise im Zusammenhang mit dem Fortschritt der Naturwissenschaften zitieren, d. h. im *Anti-Dühring*, an anderen Stellen die gesellschaftlichen Ursachen der Veränderungen in den Denkformen nicht nur anerkennt,

[8] Die Überwindung der Polarität von Subjektivismus und Objektivismus ist allerdings nicht identisch mit der Überwindung der Polarität von Subjekt und Objekt. Die letztere ist in der gesamten Menschheitsgeschichte wirksam, wobei sie historisch konkrete Formen annimmt.

[9] F. Engels, Anti-Dühring, in: MEW, Bd. 20, a. a. O., S. 13, 330 u. a.

sondern gerade hervorhebt. Das gilt nicht nur für einzelne Kategorien, z. B. wenn Engels bemerkt, daß die Gleichheitsvorstellung sich aus der Gleichheit der allgemeinen menschlichen Arbeit in der Warenproduktion ergibt.[10] Es gilt für ganze Komplexe der Denkformen, sozusagen für die Rationalitätstypen, wenn Engels z. B. sagt: „Das theoretische Denken einer jeden Epoche, also auch das der unsrigen, ist ein historisches Produkt, das zu verschiedenen Zeiten sehr verschiedene Form und damit sehr verschiednen Inhalt annimmt."[11] Im gleichen Sinn kritisiert Engels den alten vordialektischen Materialismus dafür, daß er „über das Verhältnis von Denken und Sein wohl in der Natur einigermaßen klar war, aber nicht in der Geschichte", daß er „die Abhängigkeit des jedesmaligen Denkens von den historisch-materiellen Bedingungen nicht einsah".[12]

Der angeführte Gedanke aus der Vorrede zum *Anti-Dühring* muß also offenbar so verstanden werden, daß darin nicht eine vollständige Erklärung des Aufkommens der dialektisch-materialistischen Denkweise gegeben, sondern daß darin nur eine der Wurzeln, der Quellen der Veränderung der Denkweise konstatiert wird, die man zwar nicht ignorieren, auf die man aber nicht die ganze Erklärung reduzieren kann.

Unsere obige Darlegung stünde dann im Widerspruch zu Engels' Gedanken von der Notwendigkeit des Aufkommens der dialektisch-materialistischen Denkweise aufgrund des Fortschritts der Naturwissenschaften, wenn wir die gesellschaftlich-praktische Determination der Veränderungen in den Formen des Denkens, in seinem logischen Aufbau, einseitig hervorheben würden. Eine Tendenz zu derartigen Ansichten läßt sich u. E. auch tatsächlich in einigen marxistischen Arbeiten beobachten.

So wird z. B. in einer der neueren interessanten Arbeiten über die Formung des logischen Aufbaues des Denkens[13] zunächst mit Recht der aktive Charakter des Denkens unterstrichen. Es wird die Forderung erhoben, bei der Begründung der Kategorien von der gegenständlich umgestaltenden Beziehung des Menschen zur Welt auszugehen und in der Sphäre der materiellen Produktion selbst die Quellen der Entstehung des Denkens sowie seiner allge-

[10] Ebenda, S. 580. [11] Ebenda, S. 330. [12] Ebenda, S. 574.

[13] Ž. M. Abdil'din/K. A. Abišev, Formirovanie logičeskogo stroja myšlenija v processe praktičeskoj dejatelnosti, Alma-Ata 1981, S. 6f.

meinen kategorialen Beziehungen zu untersuchen. All dies verdient Zustimmung.

Für diskutabel erachte ich zunächst auch folgenden Gedanken: „Marx stellte in seinen Erwägungen über die methodologischen Prinzipien der politischen Ökonomie gerade den Zusammenhang der Formen der gesellschaftlichen Beziehungen und der Kategorien des Denkens, besonders der allgemeinen philosophischen Kategorien, stets an erste Stelle. In den vorliegenden Arbeiten versuchen die Autoren eine gewisse Auffassung vom Zusammenhang der gesellschaftlichen Beziehungen mit dem gegenständlichen, in der praktischen Tätigkeit angeeigneten Inhalt, durchzuführen. Sie bemühen sich aufzudecken, auf welche Weise sich dieser Inhalt, nachdem er die Form einer Beziehung zwischen den Menschen angenommen hat, in logische Denkformen, in eine Form der Aktivität des Subjekts bei der Aneignung von Gegenständen der objektiven Wirklichkeit verwandelt."[14] Mir scheint, daß der angeführte Gedanke eine solche Auffassung herbeiführt oder herbeiführen kann, die den Charakter der Denkformen als Analoga der Wirklichkeit, vor allem auch der natürlichen objektiven Realität, im Schatten beläßt.

Wenn Marx in seinen Erwägungen über die Methode der politischen Ökonomie sagt, daß die Kategorien die Daseinsformen, Existenzbestimmungen der Gesellschaft, oft nur einzelne Seiten der Gesellschaft ausdrücken,[15] bezieht sich dies — wie aus dem Kontext folgt — auf die Gesellschaftswissenschaften, die die Untersuchung der gesellschaftlichen Phänomene zum Gegenstand haben. Diese Charakteristik auf allgemeine philosophische Kategorien und logische Formen schlechthin zu erweitern, würde m. E. bedeuten, die gesellschaftlich-praktische Determination der Denkformen auf Kosten ihrer Determination als Analoga der natürlichen Wirklichkeit zu übertreiben.

[14] Ebenda.

[15] Vgl. K. Marx, Einleitung zur Kritik der Politischen Ökonomie, in: MEW, Bd. 13, a. a. O., S. 637: „Wie überhaupt bei jeder historischen, sozialen Wissenschaft, ist bei dem Gange der ökonomischen Kategorien immer festzuhalten, daß, wie in der Wirklichkeit, so im Kopf, das Subjekt, hier die moderne bürgerliche Gesellschaft, gegeben ist, und daß die Kategorien daher Daseinsformen, Existenzbestimmungen, oft nur einzelne Seiten dieser bestimmten Gesellschaft, dieses Subjekts, ausdrücken ..."

Der Unterschied liegt hier offenbar in dem verschiedenen Verständnis der praktischen Grundlage des Denkens. Die von Marx im *Kapital* entwickelte Idee vom Doppelcharakter der Leitungsformen im Kapitalismus liefert uns die methodische Richtschnur für die weitere Untersuchung dieser Frage. Marx erklärte, daß „die kapitalistische Leitung dem Inhalt nach zwieschlächtig ist, wegen der Zwieschlächtigkeit des zu leitenden Produktionsprozesses selbst, welcher einerseits gesellschaftlicher Arbeitsprozeß zur Herstellung eines Produkts, andererseits Verwertungsprozeß des Kapitals“[16] ist. Wenn es darum geht, den Charakter der Leitungsformen der kapitalistischen Produktion zu erklären, ist ihr Doppelcharakter, nämlich die Tatsache in Betracht zu ziehen, daß sie ungetrennt und gleichzeitig die Funktion erfüllen, die aus der Natur des gesellschaftlichen Arbeitsprozesses entspringt, und zusammen damit auch die Funktion der Ausbeutung innerhalb des gesellschaftlichen Arbeitsprozesses. Durchaus analog kann von einem Doppelcharakter der Denkformen gesprochen werden. Sie sind einerseits eine Widerspiegelung der objektiven Realität, vor allem der natürlichen, und ihre Struktur wird von der Struktur der reflektierten objektiven Prozesse der (natürlichen und gesellschaftlichen) Welt bedingt; andererseits wird dieser Reflexionsprozeß stets unter dem Einfluß der konkret-historischen Form der gesellschaftlichen Verhältnisse modifiziert, d. h. auch im Einfluß der Klasseninteressen und des ideologischen Kampfes ausgerichtet und bestimmt. Unstreitig ist, daß der logische Aufbau des Denkens sich im Laufe der praktischen Tätigkeit formt. Die Denkformen sind jedoch nicht nur „ideale Formen der gegenständlichen Tätigkeit und praktischer Verhältnisse“, sondern sie können diese Funktion selbst schon nur aus dem Umstand heraus erfüllen, daß sie ein Analogon der Bewegungs- und Strukturformen der objektiven natürlichen und gesellschaftlichen Wirklichkeit sind.

Die angeführte Klarstellung begründet, warum sich der Engelssche Gedanke von der notwendigen Entstehung der materialistischen Dialektik aufgrund des Fortschritts der Naturwissenschaften und die Behauptung von der notwendigen Entstehung der dialektisch-materialistischen Denkweise aus den Bedürfnissen der gesellschaftlichen Praxis nicht wechselseitig ausschließen. Sie würden

[16] K. Marx, Das Kapital. Erster Band, in: MEW, Bd. 23, a. a. O., S. 351.

sich gegenseitig nur dann ausschließen, wenn wir die gesellschaftlich-praktische Determination der Veränderungen in den Denkarten einseitig aufgefaßt und verabsolutiert hätten.[17]

Manchmal erhebt sich die Frage: Wie kann man erklären, daß diese zwei Bewegungen im allgemeinen zeitlich zusammenfallen? Ist diese Gleichzeitigkeit nicht das Ergebnis von so etwas wie einer prästabilierten Harmonie?

Wenn es sich um zwei völlig isolierte Bewegungen handeln würde, wobei jede von ihnen in ihrer eigenen Welt ablaufen würde, könnte ihre Gleichzeitigkeit tatsächlich ein großes Rätsel sein. In Wirklichkeit haben wir aber einen einzigen, einheitlichen und vielseitigen gesellschaftlichen Prozeß vor uns, dessen Momente in einer bestimmten Epoche sowohl der machtvolle Fortschritt der Naturwissenschaften (und der darauf beruhenden Technik), als auch die Verschärfung der Klassengegensätze sind, der das Aufkommen und Anwachsen revolutionärer Kräfte bewirkt, die dazu berufen sind, die alte Gesellschaft umzuwälzen und eine neue Gesellschaft zu schaffen. Der Aufstieg der Naturwissenschaften im 19. Jahrhundert (aber auch schon früher, im Grunde seit dem Beginn der Neuzeit) ist mit einer enormen Entfaltung der materiellen Produktivkräfte verknüpft, die der neuen kapitalistischen Produktionsweise entspricht. Andererseits befördert die Entfaltung der Naturwissenschaften vermittelt durch den Aufschwung der Technik notwendigerweise nicht nur das Ausreifen der bestehenden gesellschaftlichen Verhältnisse, sondern in einer bestimmten Etappe auch die Zuspitzung ihres Konflikts mit dem sich wandelnden Charakter der Produktivkräfte. So war z. B. die Entdeckung des Gesetzes der wechselseitigen Umwandlungsformen der Energie in den vierziger Jahren des vorigen Jahrhunderts — eine jener Entdeckungen, die unmittelbar zur Entstehung des dialektisch-materialistischen Denkens beitrugen — Ergebnis einer relativ immanenten, von den Erfordernissen der Aufwärtsentwicklung der kapitalistischen Produktionsweise stimulierten Entwicklung der Naturwissenschaften. Gleichzeitig rief diese Entdeckung in ihren technischen Applikationen und Konsequenzen auch neue materielle Produktivkräfte auf den Plan, deren Charakter langfristig nicht mehr mit der ererbten Form von Produktion

[17] Diese Fragen behandelt ausführlicher die Dissertation von P. Kotátko, K některým problémům dialekticko-materialistické teorie logických kategorií, Prag 1983.

und Gesellschaft vereinbar war. Wir haben demnach einen einzigen einheitlichen gesellschaftlichen Prozeß vor uns, der aus der Wechselwirkung seiner verschiedenen Momente entsteht und fortgeht. Die zeitliche Kongruenz der zwei für die Entstehung der dialektisch-materialistischen Denkweise notwendigen Tendenzen erklärt sich aus dem konkreten historischen Charakter dieses einen Prozesses in einem bestimmten Stadium seiner Entwicklung.

Die dialektisch-materialistische Denkweise entsteht notwendigerweise aus zwei Quellen: aus dem Fortschritt der Naturwissenschaften und aus den ideologisch-politischen Erfordernissen des Klassenkampfes der Arbeiterklasse. Die zeitliche Kongruenz dieser Quellen erklärt sich daraus, daß beide Quellen Momente — wenn auch nicht völlig gleichgewichtet — eines einzigen historischen Prozesses in einer bestimmten Phase seiner Entwicklung sind.

3.

Als gesellschaftliches Phänomen ist der dialektisch-materialistische Rationalitätstyp Moment einer historisch neuen theoretisch-praktischen Einstellung der Menschen und orientiert auf eine historisch neue Form der Verbindung und Zusammengehörigkeit von intellektueller, ästhetischer und moralischer Aneignung der Welt.

Die dialektisch-materialistische Auffassung des Verhältnisses des Allgemeinen — Besonderen — Einzelnen, und allgemeiner: die neue Lösung der Verstand-Vernunft-Problematik, ermöglicht und erfordert eine neue Form der Zusammengehörigkeit und Komplementarität der intellektuellen und ästhetischen Aneignung der Welt. Auf diesem Boden entfaltet sich die Zusammengehörigkeit organisch, während auf dem Boden jenes Denkens, das die Beziehung des Allgemeinen — Besonderen — Einzelnen nur verständig begriff, oft ein Hiatus zwischen zwei Kulturen entstanden ist. Die innere Gemeinsamkeit der intellektuellen und ästhetischen Aneignung der Welt hatte in der bisherigen Geschichte vorwiegend einander äußerliche Erscheinungsformen. Für die real humanistische Denk- und Lebensweise, d. h. unter gesellschaftlichen Bedingungen, in denen der dialektisch-materialistische Rationalitätstyp dominierend wird, hat die wechselseitige Ergänzung und Stimulierung des wissenschaftlichen Denkens und des literarisch-künstlerischen Denkens wachsende Bedeutung. Die Formen der literarisch-künstlerischen Aneignung der Welt (und überhaupt alle Formen der Weltaneignung durch künstlerisches Schaffen) gewinnen an Bedeutung, ohne daß sich die große und unabdingbare Rolle des objektiven theoretischen Denkens verringern würde. Man kann voraussehen, daß die Komplementarität des neuen objektiven Denkens und des literarisch-künstlerischen Denkens immer nachhaltigeren Niederschlag im tagtäglichen kommunikativen Denken der dialogischen Sprache finden wird.

Was die dem dialektisch-materialistischen Rationalitätstyp entsprechende Form der Vereinigung und Zusammengehörigkeit der intellektuellen und moralischen Aneignung der Welt, also die historisch neue Form des Verhältnisses von Rationalität und Moralität angeht, sei zunächst bemerkt, daß beide Begriffe — „Rationalität" ebenso wie „Moralität" — hochgradige Abstraktionen sind. Beide beziehen sich auf menschliche Handlungsweisen und ihre Resultate, auf menschliche Lebensformen, die jeweils in bestimmten sozialökonomischen Formen und unter unabdingbaren natürlichen Voraussetzungen entstehen. Die Akte des menschlichen Lebens haben moralischen Charakter, wenn sie durch das bewußte Streben nach Verwirklichung und Förderung des Guten und nach Vermeidung und Bekämpfung des Bösen motiviert werden. Dieses Streben wird von moralischen Werturteilen und Gewissensgefühlen begleitet. Es kann sich in verschiedenem Ausmaß auf eine (selbstgeleistete oder übernommene) rationale Begründung der menschlichen Handlungen und Bewußtseinsakte stützen, oder allgemeiner gesagt, es kann auf verschiedene Weise mit der rationalen Erklärung der Wirklichkeit in Verbindung stehen.

Auf dem Boden des realen Humanismus stellen sich diese Fragen konsequent nur in den mundanen, historisch-gesellschaftlichen (in der Klassengesellschaft also in den klassenmäßigen) Zusammenhängen. Die möglichst reiche Entwicklung und Selbstverwirklichung aller Menschen als Persönlichkeiten im gesellschaftlichen Zusammenleben und Zusammenarbeiten ist der höchste moralische Wert, ist Selbstzweck und Endzweck. Das ist allerdings kein übergeschichtlicher, sondern ein in die tatsächliche Geschichte eingespannter, von ihrer Bewegung abhängiger und modifizierter Wert.

Die Konkretisierung dieses Ansatzes ist in der These enthalten, daß die „Grundlage der kommunistischen Sittlichkeit ... der Kampf für die Festigung und Vollendung des Kommunismus“[18] ist. Diese Leninsche Formulierung erhält einen genauen Sinn nur unter der Bedingung, daß die Frage nach dem „Wie“ des Kampfes um den Kommunismus und die Frage nach dem Wesen der kommunistischen Gesellschaftsordnung aufgrund der objektiven wissenschaftlichen Analyse des gesellschaftlichen Prozesses beantwortet wird. Der Begriff der real humanistischen Moralität hat also keinen Sinn ohne weitergehende, sich vertiefende rationale Erklärung der Wirklichkeit. Marx kam zu einer neuen Konzeption der wissenschaftlichen Analyse der Wirklichkeit, derzufolge gilt: Sobald die wissenschaftliche Theorie zum Ausdruck bringt, was geschieht, hört sie auf, doktrinär zu sein, und wird revolutionär. Wenn die wissenschaftliche Theorie wahrhaftig zum Ausdruck bringt, was geschieht — und dazu braucht man die dialektisch und materialistisch fundierte Theorie —, hört sie auf, doktrinär, bloß beschreibend, wertfrei zu sein, und wird revolutionär, d. h. sie kann den revolutionären Kräften in der Gesellschaft als ideologische Waffe dienen und liefert eine Orientierung zu einer gewissen praktischen, darunter praktisch-moralischen Wertung.[19]

Auf diese Weise stützt sich also die real humanistische Moralität auf die Wissenschaft, ist untrennbar mit der Wissenschaft verbunden, nicht mit irgendeiner Wissenschaft, sondern mit jenem wissenschaftlichen Denken, dessen logisch-ontologische Grundlagen die in den vorangehenden Kapiteln erläuterte doppelte, dialektisch-materialistische Historisierung der Seins- und Denkformen kennzeichnet. Wenn im Newtonschen Typ der wissenschaftlichen Rationalität die kategoriale Ausstattung und die damit zusammenhängende Auffassung der Prädikation und der Gedankengefüge derart verengt wird,[20] daß die logisch-ontologischen Kategorien des fixen Zustandes gemeinsam mit den Kategorien der mathematischen Auffassung der mechanischen Bewegung als primär, die Prozesse des Werdens (gemeinsam mit den das Werden zum Ausdruck bringenden Prädikationen)

18 W. I. Lenin, Die Aufgaben der Jugendverbände, in: LW, Bd. 31, Berlin 1959, S. 285.

19 K. Marx, Das Elend der Philosophie, in: MEW, Bd. 4, a. a. O., S. 143.

20 Das schließt die Möglichkeit vielgestaltiger Variationen *im Rahmen* ein und desselben historischen Rationalitätstyps nicht aus.

aber als sekundär, auf die fixen Zustände und die mathematisierten mechanischen Bewegungen reduzierbar und von diesen ableitbar angesehen werden, dann muß selbstverständlich ein solcher Typ wissenschaftlicher Rationalität den Menschen in moralischen Fragen im Stich lassen. Dann muß der Mensch notwendigerweise eine Stütze für die Moralität anderswo als in der wissenschaftlichen Wahrheit, also in der Regel im religiösen Glauben, suchen.

Zur Illustration können wir auf einen Denker wie Bolzano verweisen, der zur Klärung der logischen Grundlage des mathematisierenden Typus der Wissenschaftlichkeit geniale Beiträge geleistet hat. Im § 183 seiner *Wissenschaftslehre* beschäftigt sich Bolzano mit der, wie er sagt, bemerkenswerten Art von Sätzen, die ein Werden ausdrücken. Er will den logischen Charakter dieser Sätze dadurch klarmachen, daß er sie in ein Gebilde transformiert, das das Werden als Selbstentwicklung eigentlich negiert und die Veränderung als etwas zu den ontologisch primären fixen Zuständen sekundär Hinzugefügtes auffaßt. Er nimmt an, daß die Sätze „M wird aus A" oder „A geht in M über" in die logisch angeblich konsequentere Form umgewandelt werden können: „Der Gegenstand A hat die Beschaffenheit, einer Veränderung zu unterliegen, deren Wirkung ist, daß er in einer künftigen Zeit M sein wird."[21]

Die Unmöglichkeit, wissenschaftliche Rationalität und Moralität auf dem Boden von Bolzanos Philosophie zu vereinen, ist in seiner Schrift *Bolzanos Wissenschaftslehre und Religionswissenschaft in einer beurteilenden Übersicht* in interessanter Weise zu erkennen. Der strenge Logiker stützt hier die Moralität am Ende auf die Autorität der religiösen Offenbarung. Das ist dem Typus nach schließlich dieselbe Argumentation, in die Newtons berühmtes Scholium generale seiner *Mathematischen Prinzipien der Naturphilosophie* einmündet, wo eine massive theistische Theologie als logisch notwendige Ergänzung des mathematisch-mechanischen Bildes von der „Konstitution der Welt" angesehen wird.

Im Gegensatz zur Heideggerschen[22] Beurteilung, wonach Leibnizens *Monadologie* mit ihrem Satz vom Grund den Gipfelpunkt der sogenannten Metaphysik der Technowissenschaft, und damit die philosophische Grundlage der menschlichen Verdinglichung darstellt, finden wir in diesem Werk von Leibniz, insbesondere in

[21] B. Bolzano, Wissenschaftslehre, a. a. O., Bd. 2, S. 241f. – Vgl. auch B. Bolzano, Kleine Wissenschaftslehre, Wien 1975, S. 187f.
[22] Vgl. oben unser Kapitel 7.

den Paragraphen 17 und 18, eine bahnbrechende Antizipation der Auffassung der Seins- und Denkformen auf der Basis der Selbstbewegung. In allen Rationalitätstypen steht die Prädikationslehre in Wechselbeziehung zur Kategorienlehre, insbesondere zum Dingbegriff. Begreiflicherweise hängt auch die Konzeption der Moralität als ein Teil der begrifflichen Überwindung der Verdinglichung nicht nur von dem Begriff des menschlichen praktischen Seins, sondern auch vom Dingbegriff selbst ab. Der prozessuale Dingbegriff des marxistischen Rationalitätstyps war nicht minder eine Bedingung für die Verbindung von Rationalität und Moralität als der neue historisch-materialistische Begriff des Humanen, des menschlichen praktischen Seins. Selbstverständlich ist dann auch die Auffassung von der Überwindung der Verdinglichung grundsätzlich verschieden von derjenigen der existentialen Phänomenologie Heideggers. Indem diese die Verdinglichung an die sogenannte Metaphysik der Technowissenschaft und damit an jedes vor-stellende Denken, an jede Form von materialistischem Denken bindet, verbirgt sie einerseits die wirklichen Wurzeln der menschlichen Verdinglichung, die in den historisch vorübergehenden kapitalistischen Produktionsverhältnissen liegen, andererseits orientiert sie auf illusorische, subjektivistische Vermenschlichungsprogramme, die den wirklichen Fortschritt der menschlichen Emanzipation objektiv behindern und auf diese Weise der Apologie der alten Verhältnisse dienen.

Nicht jede isolierte — wenngleich wahre — Prädikation über Teiltatsachen und Teilprozesse ist wertrelevant. Als isolierte Prädikation kann sie in moralischer Hinsicht völlig wertfrei sein. Um ein Moment der neuen[23] Vereinigung von Rationalität und Moralität zu sein, muß die wissenschaftliche Wahrheit ein tendenziell möglichst vollständiges, zusammenhängendes Wissen von der Natur und der Praxis sein, also eine theoretische Erkenntnis, die nicht bei den isolierten Teilprädikationen stehenbleibt, sondern ihre Einbeziehung in Gedankengefüge über die Gesamtzusammenhänge der Natur und der menschlichen Praxis (mit Berücksichti-

[23] Weshalb einer „neuen"? Weil dies nicht der erste Fall in der Geschichte ist, wo Rationalität und Moralität vereinigt sind. Bereits der aristotelische Rationalitätstyp vereinte in seiner Art Rationalität und Moralität, war agathologisch. In der Neuzeit vereinigten in spezifischer Weise Vernunft und Moralität auch Spinoza und selbstverständlich der große Dialektiker Hegel.

gung der Dialektik des Absoluten und des Relativen) anstrebt. Das ist ein Erkennen, das sich seines Reflexcharakters der objektiven Realität gegenüber bewußt ist, aber nicht im kontemplativen Dualismus — „Denken“ versus „objektive Realität“ — stehenbleibt, sondern das theoretische Denken als Moment der Praxis des gesellschaftlichen Lebens begreift.

Die angedeutete dialektisch-materialistische Vereinigung von Rationalität und Moralität, die freilich keineswegs eine Identifizierung beider Momente des menschlichen Lebens bedeutet, zeigt, daß die dialektisch-materialistisch fundierte Erkenntnis revolutionär ist. Sie ist nicht deshalb auf eine moralisch-praktische Wertung ausgerichtet, weil sie von der Forderung nach *objektiver* Wahrheit abginge, sondern umgekehrt gerade darum, weil sie objektiver ist als es die Zugangsweisen der neuzeitlichen mathematischen Naturwissenschaft und der damit verbundenen Philosophie sind. Objektiver deshalb, weil sie die Bewegung auf der Seite des Objekts und des Subjekts und die historisch-gesellschaftliche (in der Klassengesellschaft also klassenmäßige) Bedingtheit des Subjekts der Erkenntnis in Betracht zieht. Es ist klar, daß die begrifflichen Zuordnungen Max Webers, für den „objektiv“ gleich „wertfrei“ ist und „wertorientiert“ gleich „mehr oder weniger, aber immer subjektiv“ ist, für die Kennzeichnung des dialektisch-materialistischen Typs der Rationalität nicht taugen.

Unsere Bemerkungen versuchten anzudeuten, daß in der Gestalt des realen Humanismus, dessen Voraussetzung die dialektisch-materialistische Rationalitätsauffassung ist, eine neue theoretisch-praktische menschliche Einstellung entsteht, in der Rationalität und Moralität miteinander vereinigt werden können, ohne in Relativismus und Skepsis einerseits oder in einen unhistorischen Dogmatismus andererseits zu verfallen.

Nachwort

Der Leser konnte feststellen, daß die Untersuchung unseres Themas uns sowohl mit der mathematischen Logik als auch mit der Hegelschen Logik in Berührung brachte.

Von einer anderen Tradition ausgehend drückt G. H. von Wright in seiner Arbeit *Time, Change and Contradiction*[1] die Meinung aus, daß sich ein Kontakt zwischen der mathematischen Logik und den von Hegel ausgehenden philosophisch-logischen Denkrichtungen möglicherweise als anregend erweisen wird. Er schreibt: „Die zwei ‚Logiken' waren bisher einander fremde Pole, und die Repräsentanten der einen Logik hatten üblicherweise nur Verachtung für die andere Logik übrig. Ich bin der Meinung, daß die große Tradition (d. h. die Entwicklung vom *Organon* des Aristoteles über Frege und Russell zur zeitgenössischen mathematischen Logik — J. Z.) *die* Logik ist und daß die hegelianische Logik weder eine Alternative dazu noch deren ernstzunehmende Rivalin darstellt. Die Hegelsche Logik, qua Logik, hat vielleicht keinen großen Wert. Aber sie enthält Ideen und Beobachtungen, die von echtem Interesse für einen Logiker im traditionellen Sinn sind und deren Erforschung zu neuen Entwicklungen in seinem Fachgebiet führen könnte."[2]

In der vorliegenden Arbeit versuchten wir zu zeigen, wie im dialektisch-materialistischen Rationalitätstyp verschiedene Fragen des Verhältnisses der zwei erwähnten Traditionen gelöst werden, indem wir sie in den Rahmen der Untersuchung der logisch-ontologischen Grundlagen des wissenschaftlichen Denkens der Gegenwart gestellt haben.

Weder Alternative noch Rivalität — so lautet unsere Antwort —,

[1] G. H. von Wright, Time, Change and Contradiction, Cambridge 1969.

[2] Ebenda, S. 32.

sondern das auf die dialektisch-materialistische Auffassung der Verstand-Vernunft-Problematik gegründete Herangehen scheint befähigt zu sein, neue Wege auf diesem theoretischen Gebiet zu eröffnen und die von Marx und Engels begründete dialektische Logik weiterzuentwickeln.

Auswahlbibliographie

Auf die Werke von Marx, Engels und Lenin wird hier nur summarisch verwiesen. Dasselbe gilt für Hegel.

Marx und Engels werden im Text nach der Ausgabe Karl Marx/Friedrich Engels, Werke, Berlin 1956 ff. zitiert, Lenin nach der Ausgabe W. I. Lenin, Werke, Berlin 1954ff.

Wenn nicht anders angegeben, werden Hegels Werke nach der Glockner-Ausgabe, Stuttgart 1927ff., zitiert.

Z. M. Abdil'din/K. A. Abišev, Formirovanije logičeskogo stroja myšlenija v prozesse praktičeskoi dejatelnosti, Alma-Ata 1981.

Z. M. Abdil'din/L. M. Archangelskij (red.), Dialektika i etika, Alma-Ata 1983.

Akten des V. Internationalen Kolloquiums in Biel über Rationalität (30. IV.—3. V. 1981), Hrsg. v. H. Lauener, in: Dialectica, Vol. 36, Fasc. 2—3, 1982.

W. L. Altuchov, Materialističeskaja dialektika i osnovanija naučnogo znanija, in: Voprosy filosofii, Moskau, 1979.

A. Arnauld/P. Nicole, La Logique ou l'art de penser, Hrsg. v. P. Clair u. F. Girbal, Paris 1965.

K. S. Bakradze, Očerki po istorii novješei i sovremenoi burčuaznoi filosofii, Tbilissi 1960.

W. Becker, Zur Kritik der Marxschen Wertlehre und ihrer Dialektik, in: Kritischer Rationalismus und Sozialdemokratie, Bonn—Bad Godesberg 1975.

D. Bell, The Coming of the Post-Industrial Society, New York 1973.

D. Bell, The Cultural Contradictions of Capitalism, London 1976.

K. Berka, Bolzanova filozofie mathematiky, in: Filozofický časopis ČSAV, Prag, 4/1980.

K. Berka, Vorrede zur tschechischen Auswahlausgabe von Bolzanos „Wissenschaftslehre", Prag 1981.

Bernard Bolzano 1781—1848. Studien und Quellen, Hrsg. W. Schuffenhauer, Berlin 1981.

B. V. Birjukov, Theorija smysla Gotloba Frege, in: Primenenije logiki v nauke i technike, Moskau 1960.
I. M. Bochenski/A. Church/N. Goodman, The Problem of Universals, Indiana 1956.
B. Bolzano, Wissenschaftslehre, Bd. I—IV, Sulzbach 1837.
B. Bolzano, Kleine Wissenschaftslehre, Wien 1975.
E. Brieskorn, Dialektik in der Mathematik, in: Mathematiker über die Mathematik, ed. M. Otto, Berlin—Heidelberg—New York 1974.
M. Buhr, Vernunft — Mensch — Geschichte, Berlin 1977.
M. Bunge, A Critical Examination of Dialectics, in: Dialectics — Dialectique, ed. Ch. Perelman, The Hague 1975.
R. Carnap/W. Stegmüller, Induktive Logik und Wahrscheinlichkeit, Wien 1958.
E. Cassirer, Substanzbegriff und Funktionsbegriff, Berlin 1910.
I. B. Cohen, Introduction to Newton's Principia, Cambridge 1971.
E. J. Dijksterhuis, Die Mechanisierung des Weltbildes, Berlin—Göttingen—Heidelberg 1956.
K. Düsing, Das Problem der Subjektivität in Hegels Logik, Hegel-Studien, Beiheft 15, Bonn 1976.
W. Ebeling/R. Feistel, Physik der Selbstorganisation und Evolution, Berlin 1982.
P. N. Fedoseev, Der Marxismus im 20. Jahrhundert, Berlin 1973.
P. N. Fedoseev, Filosofija i naučnoje poznanija, Moskau 1983.
P. N. Fedoseev/I. T. Frolov/V. A. Lektorskij, Materialističeskaja dialektika, Moskau 1980.
F. Fiedler, Wissenschaftliche und nichtwissenschaftliche Rationalität, in: Deutsche Zeitschrift für Philosophie, Berlin 7/1979.
G. Frege, Funktion, Begriff, Bedeutung. Fünf logische Studien, Hrsg. v. G. Patzig, Göttingen 1966.
G. Frege, Grundgesetze der Arithmetik. Begriffsschriftlich abgeleitet, Bd. II, Jena 1903.
G. Frege, Die Grundlagen der Arithmetik, Breslau 1884.
G. Frege, Nachgelassene Schriften. I, Hamburg 1969.
A. Gedö, Philosophie der Krise, Berlin 1978.
D. P Gorski, Dialektika naučnogo poznania, Moskau 1978.
M. Heidegger, Einführung in die Metaphysik, Tübingen 1966.
M. Heidegger, Der Satz vom Grund, Pfullingen 1957.
M. Heidegger, Über den Humanismus, Frankfurt 1947.
M. Heidegger, Die Überwindung der Metaphysik, in: Vorträge und Aufsätze, Pfullingen 1954.

H. H. Holz, Dialektik und Widerspiegelung, Köln 1983.
H. Hörz, Marxistische Philosophie und Naturwissenschaften, Berlin 1974.
B. K. Hübner, Kritik der wissenschaftlichen Vernunft, Freiburg—München 1978.
E. Husserl, Die Krisis der europäischen Wissenschaften und die transzendentale Phänomenologie, Hrsg. v. W. Biemel, Haag 1962 (Husserliana 6.).
L. F. Il'ičev (red.), Materialističeskaja dialektika kak obsčaja teorija razvitija, Moskau 1982ff.
E. Jantsch, Die Selbstorganisation des Universums, München—Wien 1979.
E. Jantsch/C. H. Wadington, Evolution and Consciousness, Reading (Mass.) 1976.
F. Jürss (Hrsg.), Geschichte des wissenschaftlichen Denkens im Altertum, Berlin 1982.
Z. M. Kakabadze, Problema ekzistenzialnogo krizisa i transzendentalnaja fenomenologija Gusserla, Tbilissi 1966.
J. Kemeny, A Philosopher Looks at Science, Princeton—New York 1959.
S. Kierkegaard, Gesammelte Werke, Bd. VI., Jena 1911.
F. Klix, Erwachendes Denken. Eine Entwicklungsgeschichte der menschlichen Intelligenz, Berlin 1980.
F. V. Konstantinov/V. G. Marachov (red.), Materialističeskaja dialektika v pjati tomach, Moskau 1981ff.
P. V. Kopnin, Rasudok, razum i ich funkzii v poznanii, in: Voprosy filosofii, Moskau, 4/1963.
P. Koťátko, K některým problémům dialekticko-materialistické teori logických kategorií, Prag 1983.
G. Kröber, Wissenschaftstheoretische und wissenschaftspolitische Reflexionen beim Lesen von Marx' Doktordissertation, in: Deutsche Zeitschrift für Philosophie, Berlin, 11/1983.
G. Kröber/H. Laitko, Wissenschaft als soziale Kraft, Berlin 1976.
S. B. Krymskij, Naučnoje poznanije i prinzipy ego transformacii, Kiew 1974.
H. Laitko, Wissenschaft als allgemeine Arbeit. Zur begrifflichen Grundlegung der Wissenschaftswissenschaft, Berlin 1979.
I. Lakatos, A Renaissance of Empiricism in the Recent Philosophy of Mathematics, in: British Journal for the Philosophy of Science, Vol. 27 (1976).

J. J. Lednikov, Kritičeskij analis nominalističeskich i platonistskich tendencii v sovremenoi logike, Kiew 1973.
D. Marconi (Hrsg.), La formalizzazione della dialettica. Hegel, Marx e la logica contemporanea, Torino 1979.
A. A. Markov, Teorija algoritmov, Moskau 1954.
H. Metzler, Bemerkungen über das Verhältnis B. Bolzanos zu F. W. J. Schelling, in: Wissenschaftliche Zeitschrift der Friedrich-Schiller-Universität Jena, Gesellschaftsw. u. sprachw. Rh., Jena, 1/1976.
S. R. Mikulinski/R. Richta, Socialism and Science, Prag 1983.
N. V. Motrošilova, Principy i protivorečija fenomenologičeskoi filosofii, Moskau 1968.
N. V. Motrošilova (red.), Socialnaja priroda poznanija, Moskau 1979.
I. S. Narskij, Hegel und die Logik unserer Zeit, in: Deutsche Zeitschrift für Philosophie, Berlin 1/1971.
I. Newton, Opticks, Dover 1962 (Reprint).
T. I. Oiserman, Racionalnoje i irracionalnoje, in: Voprosy filosofii, Moskau 2/1977.
K. R. Popper, Was ist Dialektik?, in: Logik der Sozialwissenschaften, Hrsg. v. E. Topitsch, Köln—Berlin 1969.
H. Poser (Hrsg.), Wandel des Vernunftbegriffs, Freiburg—München 1981.
I. Prigogine/I. Stengers, Dialog mit der Natur. Neue Wege naturwissenschaftlichen Denkens, München—Zürich 1981.
I. Prigogine/I. Stengers, La nouvelle alliance. Metamorphose de la science, Paris 1979.
I. Prigogine, Gespräch mit der Zeitschrift „Dialektik 5", in: ebenda, Köln 1981.
I. Prigogine, Vom Sein zum Werden, München 1979.
W. v. O. Quine, From a logical point of view, Cambridge (Mass.) 1953.
G. Redlow, Hegel und die formale Logik, in: Deutsche Zeitschrift für Philosophie, Berlin 3/1978.
B. Russell/A. N. Whitehead, Einführung in die mathematische Logik, Übers. v. H. Mokre, München—Berlin 1932.
H. J. Sandkühler, Praxis und Geschichtsbewußtsein, Frankfurt a. M. 1973.
G. Schenk, Zur Geschichte der logischen Form, Berlin 1973.
P. F. Strawson (Hrsg.), Philosophical Logic, Oxford 1967.
A. Tarski, Einführung in die mathematische Logik, Wien 1937.

Tran-Duc-Thao, Phénoménologie et Matérialisme dialectique, Paris 1951.
H. J. Treder (Hrsg.), Newton-Studien, Berlin 1978.
A. N. Whitehead, An Anthology, Selected by F. S. C. Northrop and M. W. Gross, Cambridge 1953.
A. N. Whitehead, Prozeß und Realität. Entwurf einer Kosmologie, Frankfurt a. M. 1979.
A. N. Whitehead/B. Russell, Principia Mathematica, Cambridge 1960 (2. Ausg).
E. Winter, Religionsphilosophie und Logik bei B. Bolzano, in: Bolzano als Logiker, Wien 1974.
G. H. v. Wright, Time, Change and Contradiction, Cambridge 1969.
J. Zelený, Kants transzendentale Logik, in M. Buhr/T. I. Oiserman (Hrsg.), Revolution der Denkart oder Denkart der Revolution. Beiträge zur Philosophie Immanuel Kants, Berlin 1976.
J. Zelený, Rationalität und Moralität, in: Deutsche Zeitschrift für Philosophie, Berlin 12/1978.
J. Zelený, Die Wissenschaftslogik bei Marx und ‚Das Kapital', Berlin 1968.

Namenverzeichnis

FSC
www.fsc.org
MIX
Papier | Fördert
gute Waldnutzung
FSC® C083411

Kolibri 360 GmbH
Ferdinand-Jühlke-Straße 7
99095 Erfurt, Deutschland
produktsicherheit@kolibri360.de